WET LAND
REMOTE SENSING MONITORING

湿地遥感监测

吕烨 著

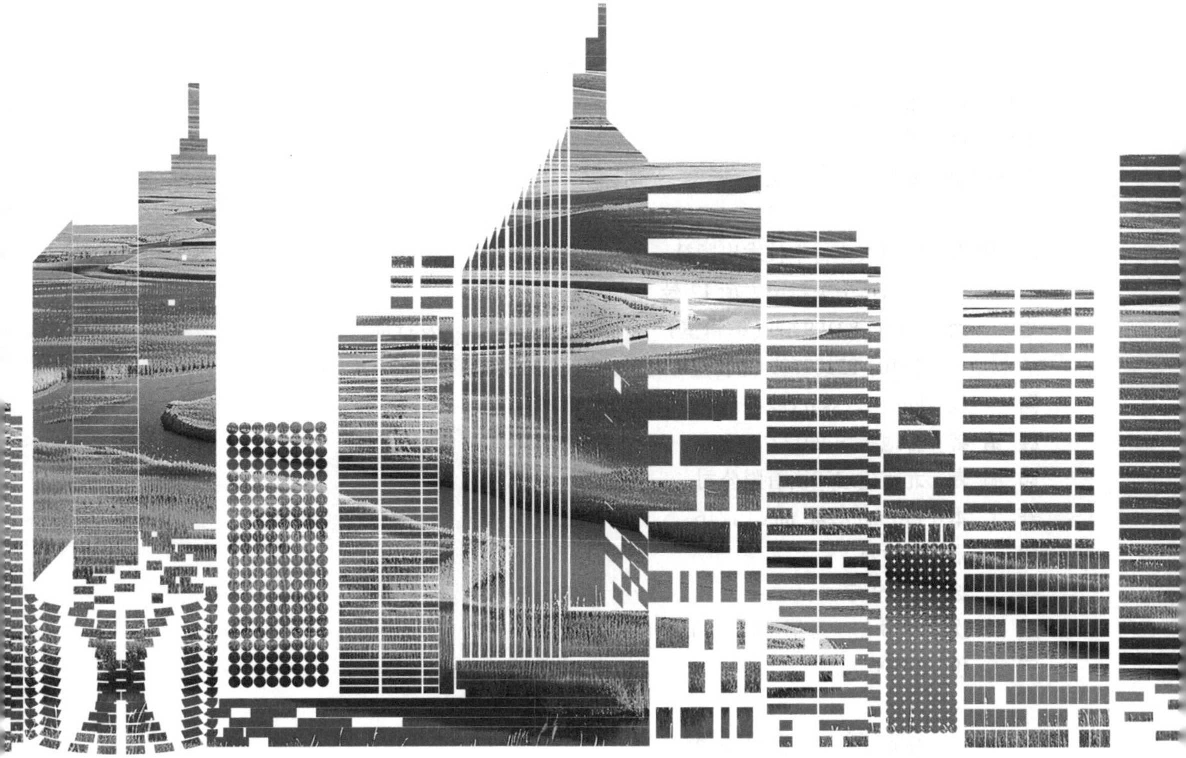

中国农业科学技术出版社

图书在版编目(CIP)数据

湿地遥感监测 / 吕烨著. --北京：中国农业科学技术出版社，2025.5. --ISBN 978-7-5116-7428-9

Ⅰ.P942.078

中国国家版本馆 CIP 数据核字第 20254XK722 号

责任编辑	张　羽
责任校对	王　彦
责任印制	姜义伟　王思文

出 版 者	中国农业科学技术出版社
	北京市中关村南大街 12 号　邮编：100081
电　　话	（010）82109705（编辑室）　（010）82106624（发行部）
	（010）82109709（读者服务部）
网　　址	https://castp.caas.cn
经 销 者	各地新华书店
印 刷 者	北京建宏印刷有限公司
开　　本	170 mm×240 mm　1/16
印　　张	12.375
字　　数	200 千字
版　　次	2025 年 5 月第 1 版　2025 年 5 月第 1 次印刷
定　　价	59.00 元

━━━◀ 版权所有·翻印必究 ▶━━━

《湿地遥感监测》
著者名单

著　　者　　吕　烨
参著人员　　王睿珺　杨　巍　申　宇　孙茜茜
　　　　　　辛丽璇　史良树　温　礼

前　言

　　湿地作为地球上最为复杂且多样的生态系统之一，在维持生物多样性、调节气候、净化水质以及提供生态服务等方面具有不可替代的作用。然而，由于全球气候变化和人类活动的影响，湿地资源正面临着前所未有的威胁与挑战。因此，如何高效、准确地监测湿地变化，评估其健康状况，并制定科学合理的保护措施，成为当前湿地研究的重要课题。《湿地遥感监测》一书旨在系统性地介绍湿地遥感监测的理论基础、技术手段及其应用实践，为湿地保护与管理提供全面的技术支持和科学依据。

　　《湿地遥感监测》首先从自然资源调查监测的整体视角出发，探讨了湿地资源的定义、类型、分布及其在中国乃至全球的重要地位。通过对湿地生态系统功能与效益的深入分析，揭示了湿地在维护生态平衡、应对气候变化等方面的巨大价值。同时，书中详细描述了湿地资源面临的威胁与挑战，包括环境污染、土地利用变化、过度开发等问题，强调了保护与管理湿地资源的紧迫性和必要性。

　　为了有效应对这些挑战，《湿地遥感监测》进一步介绍了湿地遥感监测的基本原理和技术手段。遥感技术作为一种非接触式的观测方法，能够在大范围内快速获取湿地的空间信息，为湿地资源的动态监测提供了强有力的支持。书中阐述了湿地遥感监测的物理基础，解释了电磁波与地物相互作用的机制，奠定了理解遥感数据的基础。在此基础上，《湿地遥感监测》详细介绍了多种遥感影像预处理技术，如辐射校正、几何校正和大气校正等，确保了数据的质量和一致性。本书还涵盖了湿地信息提取、变化检测、分类与制图等关键技术，展示了遥感技术在湿地监测中的广泛应用。

　　针对湿地遥感监测的具体实施过程，《湿地遥感监测》提出了完整的技术流程，包括项目规划、数据获取与处理、信息提取与分析等内容。在项目规划阶段，强调了目标设定、区域选择和技术路线设计的重要性，确保了监测工作的科学性和针对性。数据获取方面，综合考虑了多源卫星影像、无人机航拍、地面实测等多种数据来源，形成了多层次、多时相的数据集。信息提取与分析则通过先进的算法和技术手段，实现了对湿地面积、植被覆盖度、水体质量等多项指标的精确测量与动态跟踪，为生态保护和管理决策提供了详尽的数据支持。

通过多个具体的湿地资源调查、生态监测和保护管理案例，《湿地遥感监测》展现了遥感技术在湿地研究中的强大优势。例如，在湿地资源调查中，遥感技术能够快速获取大面积的湿地分布情况；在生态监测中，可以长期跟踪湿地内动植物种群的变化；在保护管理中，则为制定科学合理的政策措施提供了重要依据。

展望未来，《湿地遥感监测》还探讨了新技术在湿地遥感监测中的应用前景。无人机遥感技术以其灵活性和高分辨率，为小尺度湿地监测提供了新的解决方案；激光雷达遥感技术则通过三维建模，更加精细地捕捉湿地地形地貌特征；人工智能与机器学习的应用，使海量遥感数据的自动处理和智能分析成为可能。同时，本书还阐述了国际合作与交流的重要性，介绍了国际湿地遥感监测合作现状及其带来的机遇与挑战，强调了中国在全球湿地保护中的重要作用。讨论了湿地遥感监测相关的政策与法规，分析了现有政策法规在湿地保护与管理中的应用情况，并提出多项政策建议。通过结合遥感技术的优势，政策法规可以更加精准地指导湿地保护工作，促进湿地资源的可持续利用和发展。

总之，《湿地遥感监测》不仅是一部系统介绍湿地遥感监测技术的专业书籍，更是连接理论与实践的桥梁。希望本书能为科研人员提供丰富的技术参考，也可为公众了解湿地保护的重要性提供窗口。期待本书能够推动湿地遥感监测技术的不断创新和完善，为实现湿地生态系统的健康稳定发展贡献力量。

著 者

2025 年 4 月

目 录

第一部分 绪论与背景 … 1
第一章 自然资源调查监测概述 … 1
第一节 自然资源调查监测的定义与重要性 … 1
第二节 自然资源调查监测的发展历程 … 6
第三节 自然资源调查监测的主要方法与技术 … 11
第四节 自然资源调查监测的未来趋势：技术革新与政策导向 … 15
第二章 湿地资源及其生态意义 … 21
第一节 湿地的定义、类型与分布 … 21
第二节 湿地生态系统的功能与效益 … 26
第三节 湿地资源在全球及中国的重要地位 … 30
第四节 湿地资源面临的威胁与挑战：保护与管理难题 … 34

第二部分 湿地遥感监测的理论基础与技术 … 39
第三章 湿地遥感监测的基本原理 … 39
第一节 湿地遥感监测的物理基础 … 39
第二节 湿地遥感监测的主要技术手段 … 43
第三节 湿地遥感监测的数据获取与处理 … 48
第四章 湿地遥感监测的关键技术 … 53
第一节 遥感影像预处理技术 … 53
第二节 湿地信息提取技术 … 58
第三节 湿地变化检测技术 … 63
第四节 湿地分类与制图技术 … 68
第五章 湿地遥感监测的指标体系 … 73
第一节 湿地遥感监测的指标选择 … 73
第二节 湿地遥感监测的指标体系构建 … 78
第三节 湿地遥感监测的指标应用实例 … 83

第三部分　湿地遥感监测的技术实践与应用 ·················· 89
第六章　湿地遥感监测的技术流程 ························ 89
  第一节　湿地遥感监测项目规划 ························· 89
  第二节　湿地遥感监测数据获取与处理 ··················· 97
第七章　湿地遥感监测的信息提取与分析 ················· 108
  第一节　湿地信息提取方法 ···························· 108
  第二节　数据分析与结果解释 ·························· 117
第八章　湿地遥感监测的应用案例 ······················· 122
  第一节　湿地资源调查应用案例 ························ 122
  第二节　湿地生态监测应用案例 ························ 128
  第三节　湿地保护与管理应用案例 ······················ 133

第四部分　湿地遥感监测的未来展望 ······················ 139
第九章　新技术在湿地遥感监测中的应用前景 ············· 139
  第一节　无人机遥感技术 ······························ 139
  第二节　激光雷达遥感技术 ···························· 145
  第三节　人工智能与机器学习在湿地遥感监测中的应用 ····· 150
第十章　湿地遥感监测的国际合作与交流 ················· 156
  第一节　湿地遥感监测国际合作现状 ···················· 156
  第二节　湿地遥感监测在国际合作中的机遇与挑战 ········ 161
  第三节　中国在国际湿地遥感监测中的地位及前景 ········ 165
第十一章　湿地遥感监测的政策与法规 ··················· 170
  第一节　湿地保护与管理的政策法规 ···················· 170
  第二节　遥感技术在湿地保护法规中的应用 ·············· 175
  第三节　湿地遥感监测的政策建议 ······················ 179

参考文献 ··· 186

第一部分　绪论与背景

第一章　自然资源调查监测概述

第一节　自然资源调查监测的定义与重要性

一、自然资源调查监测的基本概念

（一）湿地遥感监测的概念框架

湿地遥感监测是指通过卫星、无人机或飞机搭载的传感器，从高空对湿地进行观测，以获取其空间分布、类型变化及生态状况等信息的过程。这项技术依赖于不同波长电磁辐射与地表物体相互作用所产生的特征信号，从而实现对湿地环境要素的非接触式探测。遥感数据具有大范围、多时相、高分辨率等特点，为湿地研究提供了前所未有的视角。它不仅能够揭示湿地在不同时间尺度上的动态演变规律，还能帮助识别不易察觉的人类活动影响。

为了确保湿地遥感监测的有效性和准确性，必须建立一套完整的概念框架，涵盖从数据采集到结果应用的各个环节，包括明确监测目标和指标体系，选择适当的遥感平台和技术手段，制定科学合理的采样策略，以及构建可靠的数据处理与分析流程。每一个步骤都是环环相扣、不可或缺的，只有当所有环节紧密配合时，才能产出高质量的监测成果，服务于湿地保护决策。

（二）遥感技术在湿地监测中的应用原理

遥感技术的核心在于利用电磁波的不同特性来区分和量化地表覆盖类型。对于湿地而言，水体、植被、裸土等多种表面材质反射或发射特定波长的光谱信息，这些信息被传感器捕捉后转化为数字图像。通过对比已知样本的光谱特征，可以识别未知区域的土地覆被类型，并进一步分析其物理属性。例如，健康湿地

植被通常在近红外波段表现出较高的反射率，而积水区域则在短波红外波段呈现低反射特征。基于这样的原理，遥感技术能够在短时间内完成大面积湿地的快速评估，极大地提高了工作效率。

遥感影像的时间序列分析是了解湿地长期变化趋势的重要工具。通过对同一地点多年度影像进行叠加比较，可以清晰地看到湿地面积增减、水质改善或恶化等情况。这种方法特别适用于那些受季节性水位波动影响较大的湿地生态系统，因为它能有效排除短期干扰因素，专注于长期结构性变化。同时，结合气象资料和其他辅助信息，还可以深入探讨气候变化对湿地的影响机制，为预测未来情景提供科学依据。

（三）湿地遥感监测的技术挑战与发展前景

尽管湿地遥感监测已经取得了一定成就，但仍然面临着诸多技术挑战。首先是数据质量控制问题，由于大气条件、传感器性能等因素的影响，原始遥感影像往往存在噪声、阴影等问题，需要经过严格的预处理才能用于后续分析。其次是分类精度提升难题，湿地内部结构复杂，不同类型的植被、水域混合交织，增加了自动分类的难度。最后是时空分辨率匹配困难，即如何在保证足够空间细节的同时，兼顾长时间序列的变化记录，这对存储和计算资源提出了更高要求。

面对上述挑战，科研人员正积极探索新的解决方案。一方面，随着新一代卫星星座的部署，如 Landsat 9、Sentinel 系列等，将带来更高的空间分辨率和更频繁的重访周期，有助于改善数据质量并增加可用性。另一方面，人工智能算法的应用正在改变传统遥感数据分析模式，深度学习模型可以自动学习复杂光谱特征，显著提高分类准确度。展望未来，湿地遥感监测有望借助云计算平台的强大计算能力，实现大规模数据的实时处理和共享，为全球湿地保护注入新的活力。

二、自然资源调查监测在生态保护和资源管理中的作用

（一）湿地监测促进生态保护策略的制定

湿地作为地球上最富有生产力的生态系统之一，承载着丰富的生物多样性，同时也是许多珍稀物种的关键栖息地。然而，随着人类活动范围的不断扩大，湿地面临严重威胁，如非法围垦、污染排放、过度捕捞等。湿地遥感监测为这些问

题提供了及时预警的能力,通过定期更新湿地边界和土地利用变化图,能够迅速发现潜在风险点,并采取相应措施加以遏制。例如,在一些地区,利用高分辨率影像可以精确圈定非法占用湿地的行为,为执法部门提供确凿证据;同时,也可以评估现有保护区内是否存在人为破坏现象,以便调整保护区界限或加大巡逻力度。

湿地遥感监测还为制定科学合理的恢复计划提供了支持。通过对退化湿地的历史变迁进行回顾分析,可以确定最适合修复的区域,并预测可能遇到的障碍。例如,某些湿地长期缺水导致植被退化,可以通过对比历史水文数据找到合适的补水方案;针对外来入侵物种泛滥的情况,提前规划清除行动。总之,基于翔实的遥感数据所做出的决策更加精准高效,不仅提高了资源利用率,也为湿地生态系统的可持续发展奠定了坚实基础。

(二) 湿地监测支撑资源合理配置与管理决策

湿地不仅是重要的生态资产,也是宝贵的自然资源。它们为周边社区提供了诸如水源涵养、渔业生产、旅游休闲等多种服务功能。因此,如何在保护生态环境的前提下,最大化地发挥湿地的社会经济效益,成了一个亟待解决的问题。湿地遥感监测在此过程中扮演着桥梁的角色,通过定量评估湿地提供的各项生态服务价值,如碳汇能力、洪水调节效益等,可以为政府和企业制定资源配置政策提供科学依据。

具体来说,湿地遥感监测可以帮助识别最具经济潜力的区域,指导合理开发方向。例如,对于水质优良且景观优美的湿地,可以优先考虑发展生态旅游项目;而对于鱼类资源丰富的水域,则应着重加强渔业管理,确保可持续捕捞。与此同时,遥感技术还能跟踪这些项目的实施效果,评估是否达到了预期目标,如有偏差可及时调整策略。值得注意的是,湿地监测不仅是政府部门的工作,也鼓励社会各界积极参与,形成共同保护的良好氛围。公众可以通过参与公民科学项目,贡献自己的力量,增强对湿地价值的认识和保护意识。

(三) 湿地监测助力应对气候变化与灾害防范

湿地在全球气候系统中发挥着重要作用,尤其是在调节温室气体浓度方面。健康的湿地植被通过光合作用吸收二氧化碳,并将其固定在土壤中,起到碳汇的功能。反之，当湿地遭到破坏时，封存的碳会被释放回大气层，加剧全球变暖的趋势。湿地遥感监测能够持续监控这一过程，为国际社会履行《巴黎协定》下的减排承诺提供技术支持。湿地还是抵御自然灾害的第一道防线，特别是在沿海地区，红树林等湿地植被可以有效缓冲台风冲击，减少海平面上升带来的淹没风险。

利用遥感影像的时间序列分析，可以预测湿地在未来气候变化情境下的响应模式，为适应性管理提供参考。例如，模拟不同降水模式下湿地水量平衡变化，提前布局水利设施建设和水资源调配；或者根据气温升高趋势评估湿地植被生长适宜性，调整植树造林计划。除了长远规划外，湿地监测也在应急响应中发挥了积极作用。一旦发生洪涝灾害，遥感技术可以在短时间内生成受灾范围图，为救援队伍指明重点救助区域，最大限度降低损失。总的来说，湿地遥感监测不仅是生态保护的重要手段，更是应对全球性挑战不可或缺的工具。

三、湿地作为自然资源的重要性

（一）湿地生态系统的服务功能

湿地生态系统以其独特的地理位置和复杂的结构，为地球提供了多种不可替代的服务功能。湿地是自然界中最重要的水源涵养地之一，它们像海绵一样储存雨水，并在干旱时期缓慢释放，维持了河流、湖泊等水体的稳定供水。这种调节作用对于保障农业灌溉、城市供水安全至关重要。湿地是天然的"空气净化器"，大量植物通过光合作用吸收空气中的二氧化碳，并释放氧气，净化了大气环境。研究表明，每公顷湿地每年可固定 1.5~2.0 吨的碳，对缓解全球变暖具有重要意义。

除了物质循环方面的贡献，湿地还在生物多样性保护中占据核心地位。湿地内栖息、生长着成千上万种动植物，其中不乏濒危物种。例如，丹顶鹤、黑颈鹤等珍稀鸟类依赖湿地作为迁徙途中的停歇地和繁殖场所；而水獭、鳄鱼等水生动物也以湿地为家。湿地的多样化生境条件，如浅滩、沼泽、草甸等，为不同种类生物创造了适宜生存的空间，促进了物种间的共生关系。另外，湿地还是许多微生物的乐园，这些微小生命在分解有机物、转化营养元素等方面起到了关键作用，维持了整个生态系统的平衡运作。湿地所提供的这些服务功能，构成了一个完整而又高效的自然网络，支撑着地球生命的繁衍生息。

（二）湿地在文化与社会效益中的价值体现

湿地不仅是一个生态系统的象征，它们同样承载着深厚的文化意义和社会价值。自古以来，湿地周边地区就是人类文明发源地之一，孕育了丰富多彩的地方文化和民俗风情。许多古老传说、神话故事都与湿地相关联，反映了人与自然和谐共处的美好愿景。例如，在中国南方的一些村庄里，村民们世代相传着关于龙王庙守护湿地的故事，表达了他们对这片神圣土地的敬意。如今，湿地公园、博物馆等新型文化设施不断涌现，既传承了传统文化，又成了现代人亲近自然、放松身心的好去处。

从社会效益角度来看，湿地为当地居民带来了实实在在的好处。湿地周边常常聚集着渔村、农家乐等形式的小型经济体，依靠湿地提供的丰富资源开展渔业养殖、农产品加工等活动，增加了收入来源。同时，湿地也是教育实践的理想课堂，学生们可以在实地考察中学习到有关环境保护的知识，培养爱护自然的责任感。近年来，随着人们环保意识的增强，越来越多的城市居民选择到湿地游览观光，享受清新空气和优美景色。湿地旅游业的发展不仅带动了地方经济增长，还促进了城乡之间的交流互动，形成了互利共赢的局面。湿地所蕴含的文化和社会价值，使得它们成了连接过去与现在、自然与人文的重要纽带。

（三）湿地面临的威胁及其保护紧迫性

尽管湿地拥有如此众多的价值，但当前却面临着前所未有的威胁。一方面，人类活动的扩张直接侵占了大片湿地面积。城市建设、农业开垦、工业排污等活动使得许多原本广袤无垠的湿地逐渐缩小甚至消失。据统计，过去半个世纪以来，全球湿地面积减少了一半以上，这一速度令人触目惊心。另一方面，气候变化带来的极端天气事件频发，如暴雨、干旱、海平面上升等，给湿地生态系统带来了巨大压力。例如，连续多年的干旱可能导致湿地干涸，破坏了原有的水文循环；而海水倒灌则会改变湿地盐分含量，影响植物生长。

面对这些严峻形势，加快湿地保护刻不容缓。各国政府纷纷出台了一系列法律法规，旨在加强对湿地资源的管理和保护力度。例如，《湿地公约》（Ramsar Convention）是一项致力于保护和合理利用湿地的国际条约，已有多个国家加入其中，共同承诺保护本国境内的重要湿地。同时，民间组织和个人也积极行动起来，发起各种形式的公益活动，如湿地清洁日、志愿者植树造林等，呼吁更多人关注湿地现状。科技手段的应用也为湿地保护增添了新动力，如前所述的湿地遥感监测技术，能够提供全面而准确的信息支持，帮助更好地理解和保护这片珍贵的自然资源。

第二节　自然资源调查监测的发展历程

一、早期的自然资源调查方法

（一）传统地面测量技术及其局限性

在遥感技术出现之前，湿地资源调查主要依赖于传统的地面测量方法。这种方法包括实地勘察、样方调查、植被分类等，通过人工记录和样本采集来获取数据。尽管这些手段能够提供详尽而准确的信息，但它们也存在着明显的局限性。例如，由于湿地地形复杂且分布广泛，进行大规模、长时间序列的数据收集成本高昂，而且效率低下。一些难以到达的区域，如沼泽深处或河流中心地带，往往成为调查盲区，导致信息不完整。

为了克服上述问题，研究人员开始探索新的工具和技术。其中，航空摄影作为一种相对先进的技术，在20世纪初被引入湿地研究领域。它能够在短时间内覆盖较大范围，并以直观的图像形式展现湿地地貌特征。然而，早期的航空照片分辨率较低，无法满足精细化分析需求；同时，受天气条件影响较大，云层遮挡等问题限制了其应用效果。随着科技的进步，后来出现了更高精度的航拍设备，如多光谱相机，这为后续遥感技术的发展奠定了基础。

（二）早期湿地制图与分类实践

湿地制图是了解湿地分布及变化趋势的重要手段。早在19世纪末至20世纪初，科学家们就已经尝试绘制湿地地图。最初的地图制作基于有限的地理知识和简单的手绘方式，只能粗略标识出湿地的大致位置和轮廓。随着时间推移，更精确的地图逐渐涌现，尤其是在第二次世界大战后，各国政府出于军事目的大力投资地理信息系统建设，推动了湿地制图技术的发展。

在这一时期，湿地分类系统也开始形成。不同的国家和地区根据自身特点制定了各自的分类标准，旨在更好地描述湿地类型及其生态特性。美国鱼类和野生动物服务局提出的 Cowardin 分类体系是一个里程碑式的成果，它将湿地分为海洋、河口、内陆淡水三大类，并进一步细分为多个亚类。该体系不仅考虑了水文条件、土壤质地等因素，还结合了植物群落结构，使得湿地分类更加科学合理。这种分类方法为后来的遥感影像解译提供了重要参考框架，促进了湿地资源管理的标准化进程。

（三）历史文献记录对湿地研究的意义

除了直接的野外调查和地图绘制外，历史文献也是研究湿地变迁不可或缺的资料来源。古代书籍、地方志、旅行日记等记载了大量关于湿地环境状况的信息，为今天的研究提供了宝贵的历史资料。例如，中国历史上就有许多关于湖泊、河流治理的记载，反映了当时人们对水资源利用的认知水平。通过对这些文献的整理分析，可以揭示出人类活动与自然环境之间的长期互动关系，有助于理解当前湿地问题产生的根源。

历史文献中还包含了一些珍贵的定量数据，如水位记录、降水量统计等，这些数据对于重建过去气候变化模式具有重要意义。近年来，随着数字人文技术的发展，越来越多的历史文献得以数字化保存并应用于科学研究中。通过对比古今湿地变化情况，能够更深刻地认识到湿地保护的重要性，也为未来制定有效的保护策略提供了依据。

二、遥感技术的引入与发展

（一）从黑白影像到多光谱遥感的跨越

随着航天技术的发展，卫星遥感逐渐成为湿地监测的主要手段之一。最早的卫星遥感影像仅能提供黑白图片，虽然分辨率有限，但已经大大扩展了观测范围，实现了对大面积湿地的初步认识。到了 20 世纪 70 年代，陆地资源卫星（Landsat）系列的成功发射标志着遥感技术进入了新时代。Landsat 搭载了多光谱扫描仪（MSS），能够在可见光和近红外波段获取数据，从而区分不同类型的地表覆盖物。这对于湿地研究来说是一次革命性的进步，实现了对湿地内的植被种类、水域边界以及泥炭沉积等的准确识别。

随着传感器技术不断革新，新一代遥感卫星如 SPOT、IKONOS 等相继问世，带来了更高的空间分辨率和更多的波段选择。高分辨率影像使湿地内部结构更加清晰可见，甚至可以分辨出单个树冠或小面积水域。多光谱遥感则进一步增强了湿地分类能力，通过分析不同波长的反射率差异，能够精确划分出多种湿地类型。例如，短波红外波段对于检测水分含量特别敏感，可以帮助确定湿地是否处于干旱状态；而热红外波段则可用于评估地表温度分布，间接反映湿地生态系统健康状况。这些新技术的应用显著提高了湿地监测的质量和效率。

（二）雷达遥感技术应对复杂环境挑战

尽管光学遥感在湿地监测中发挥了重要作用，但它仍然存在一些固有的缺陷，特别是在恶劣天气条件下表现不佳。云层、雾气、烟尘等因素会严重影响光学影像的质量，导致数据缺失或失真。为了解决这一问题，雷达遥感技术应运而生。雷达传感器不受光照和大气条件的影响，能够全天候工作，这为湿地特别是沿海和极地地区湿地提供了稳定的监测保障。

合成孔径雷达（SAR）是目前最常用的雷达遥感技术之一。它利用微波信号穿透云层的能力，获取地表形态信息。对于湿地而言，SAR 影像可以清楚显示水体边缘、植被覆盖度以及土壤湿度等关键参数。更重要的是，SAR 还具备干涉测量功能，即通过比较两次成像期间地表高度的变化，计算出地面沉降量。这项技术对于监测海岸带湿地受海平面上升威胁具有特殊价值。双极化或多极化 SAR 能够捕捉更多极化方向上的散射特性，提高了对不同类型湿地表面材质的区分度。总之，雷达遥感技术为湿地监测开辟了新途径，增强了应对复杂环境变化的能力。

（三）遥感技术与地面验证相结合的重要性

尽管遥感技术提供了强大的数据获取能力，但要确保监测结果的真实性和可靠性，必须将其与地面验证紧密结合。这是因为遥感影像中的某些特征可能因角度、阴影等原因产生误导，需要借助实地考察来确认。例如，当使用遥感影像进行湿地分类时，可能会遇到"同物异谱"现象，即相同类型的湿地在不同时间或地点表现出不同的光谱特征；相反，"异物同谱"，即不同类型的湿地看起来却很相似。这两种情况都会给自动分类带来困难。

为此，建立一系列地面控制点（GCPs）是非常必要的。这些控制点通常分布在湿地的不同区域，代表了典型的土地覆被类型。通过定期访问这些地点，收集详细的生态学、水文学等方面的数据，并与同期的遥感影像进行比对，可以有效提高分类模型的准确性。地面验证还可以帮助发现遥感数据中存在的偏差，如辐射校正不足、几何畸变等问题，进而采取相应的修正措施。随着无人机技术的发展，低空飞行平台成了连接天空与地面的理想桥梁。无人机不仅可以快速获取高分辨率影像，还能携带各种传感器执行特定任务，如水质采样、气体排放监测等，为湿地遥感监测注入了新的活力。

三、现代信息技术在自然资源调查监测中的应用

（一）地理信息系统（GIS）支持下的综合数据分析

进入21世纪以来，地理信息系统（GIS）已经成为自然资源调查监测不可或缺的技术工具。GIS不仅是一个地图展示平台，更是一个集成多种功能的数据处理与分析系统。它能够将来自不同源的时空数据整合在一起，包括遥感影像、气象资料、社会经济统计数据等，形成一个完整的数据库。在这个基础上，研究人员可以运用空间分析、网络分析、三维建模等多种方法，深入挖掘数据背后隐藏的信息。

对于湿地监测而言，GIS提供的强大功能尤为重要。例如，通过叠加多期遥感影像，可以动态展示湿地面积变化过程；结合水文模型，预测洪水淹没范围及影响程度；利用缓冲区分析，评估人类活动对湿地边缘的压力。GIS还支持定制化的报表生成和可视化表达，方便决策者理解和利用研究成果。值得注意的是，随着云计算和大数据技术的发展，GIS不再局限于本地计算机运行，而是可以通过互联网实现资源共享和服务发布。这意味着更多人能够参与到湿地保护工作中来，共同构建全球湿地监测网络。

（二）物联网（IoT）助力实时数据采集与传输

物联网（IoT）是指通过互联网将物理对象连接起来，使它们之间能够相互通信并交换数据。在自然资源调查监测领域，物联网技术的应用正在改变传统的

工作模式。传感器节点作为物联网的基本单元,广泛部署于湿地环境中,负责感知周围环境参数,如水温、pH值、溶解氧浓度等。这些传感器通过无线通信协议,如LoRaWAN、NB-IoT等,将采集到的数据实时上传至云端服务器,供远程监控和分析使用。

物联网的优势在于它可以实现全天候、自动化数据采集,减少了人为干预带来的误差。同时,借助分布式计算架构,即使某个节点发生故障,也不会影响整个系统的正常运作。智能算法可以根据预设规则自动触发警报机制,一旦检测到异常情况,如水质恶化、非法入侵等,立即通知相关人员采取行动。物联网技术的应用极大地提升了湿地监测的时效性和响应速度,为及时应对突发事件提供了有力支持。未来,随着5G网络的普及,物联网将进一步拓展其应用场景,包括高清视频流传输、无人机巡检指挥等,为湿地保护带来更多可能性。

(三)虚拟现实(VR)技术和增强现实(AR)技术提升公众参与度

随着虚拟现实(VR)技术和增强现实(AR)技术的成熟,它们也被引入自然资源调查监测中,特别是用于教育宣传和公众参与方面。VR技术创建了一个沉浸式的虚拟环境,让用户仿佛置身于真实的湿地之中,亲身体验湿地生态系统的特点和魅力。这种体验式学习方式不仅增加了知识传播的趣味性,还能激发人们对环境保护的兴趣和责任感。例如,通过VR头盔,参观者可以在家中"漫步"于湿地公园,观察鸟类迁徙、鱼类洄游等自然现象,仿佛身临其境。

AR技术则是在真实世界的基础上叠加数字信息,为用户提供即时指导和辅助。在湿地保护实践中,AR应用程序可以用来标识保护区边界、指示最佳游览路线、介绍动植物物种等。当游客手持智能手机或平板电脑扫描周围环境时,屏幕上会出现相关文字说明、图片或视频,增强了参观体验的互动性和教育意义。AR技术还可以用于模拟湿地恢复项目的效果,让参与者提前看到改造后的景象,鼓励他们积极参与到实际建设中去。总之,VR技术和AR技术为湿地保护注入了新鲜血液,拉近了公众与自然的距离,形成了良好的社会共识和支持氛围。

第三节 自然资源调查监测的主要方法与技术

一、传统调查方法概述

（一）实地考察与样方调查

传统湿地资源调查方法依赖于科学家和专业人员的实地考察。这种方法通过设立固定或随机分布的样方，详细记录样方内的植物种类、密度、高度等信息，以评估湿地植被状况。实地考察还涵盖了对水文条件、土壤类型及动物种群的观察和测量。尽管这种方式耗时费力，但它提供了直接且详尽的数据，对于理解湿地生态系统的结构和功能至关重要。例如，在进行水质分析时，技术人员会采集水样并带回实验室检测 pH 值、电导率、营养盐浓度等指标，确保数据的准确性。

长期定点观测站也是传统调查的重要组成部分。这些站点通常位于具有代表性的湿地区域，配备自动气象站、地下水位计等多种仪器，能够持续监测环境参数变化。通过对多年数据的积累和分析，研究人员可以揭示湿地生态系统在不同时间尺度上的动态特征。例如，利用历史降水记录与湿地水量平衡模型相结合，可以预测未来气候变化对湿地的影响，为制定适应性管理策略提供科学依据。

（二）生物多样性调查与分类

湿地是地球上生物多样性最为丰富的生态系统之一，生物多样性调查已成为传统调查方法的核心内容。科学家们采用多种手段识别和记录湿地内的动植物物种，包括目视观察、声音录音、陷阱捕捉以及 DNA 条形码技术。每种方法都有其独特优势，如鸟类可以通过叫声被准确鉴定；而小型哺乳动物则适合使用捕鼠夹进行无伤害捕捉。为了确保调查结果的全面性和代表性，通常需要多次重复实验，并覆盖整个湿地范围内的不同类型生境。

分类学研究在生物多样性调查中扮演着关键角色。通过对收集到的标本进行形态学描述、解剖学分析和分子生物学测试，科学家们可以确定物种归属及其亲缘关系。这种基于证据的分类体系不仅有助于构建完整的湿地生物名录，也为后续保护工作奠定了基础。例如，在发现新物种或珍稀物种时，可以及时调整保护区边界或加强巡逻力度，防止非法活动对其造成破坏。同时，生物多样性调查还促进了跨学科合作，如生态学家与遗传学家共同探讨物种适应机制，推动了湿地科学研究的深入发展。

（三）历史文献与档案资料的应用

除现代科学技术外，历史文献及档案资料亦为湿地资源调查提供了宝贵的信息资源。古代典籍、地方志、旅行日志等文献中记载了大量关于湿地环境状况的历史背景信息。通过对这些文献的系统整理与分析，能够揭示人类活动与自然环境之间的长期互动关系，有助于理解当前湿地问题的根源。例如，中国历史文献中记载了诸多关于湖泊、河流治理的案例，反映了当时人们对水资源利用的认知水平。对这些文献的深入解读，能够挖掘出早期湿地管理的成功经验和失败教训，为现代湿地保护提供历史借鉴。

历史文献中亦包含了一些珍贵的定量数据，如水位记录、降水量统计等，这些数据对于重建过去的气候变化模式具有重要价值。近年来，随着数字人文技术的进步，越来越多的历史文献得以数字化保存，并被应用于科学研究。通过对比古今湿地变化情况，能够更深刻地认识到湿地保护的重要性，并为未来制定有效的保护策略提供科学依据。综上所述，尽管传统调查方法存在一定的局限性，但其所提供的丰富信息对于湿地科学研究而言是不可或缺的，为认识和保护湿地生态系统提供了坚实的基础。

二、遥感技术的分类与应用

（一）光学遥感技术及其在湿地监测中的应用

光学遥感技术通过捕捉地表反射或发射的电磁波来获取信息，广泛应用于湿地监测领域。常见的光学传感器包括多光谱扫描仪（MSS）、高光谱成像仪（HSI）等，它们能够在可见光、近红外等多个波段范围内工作，提供详细的地表覆盖分类图。例如，Landsat 系列卫星搭载的 OLI/TIRS 传感器可以区分不同类型的湿地植被，如芦苇、莎草等，并评估其健康状况。高分辨率影像使得湿地内部结构更加清晰可见，甚至可以分辨出单个树冠或小面积水域。

光学遥感技术的优势在于它能够提供直观、色彩鲜艳的图像，便于视觉解释和公众传播。然而，这种技术也存在一些局限性，特别是在云层遮挡的情况下，可能导致数据缺失或失真。为了解决这一问题，开发了多种算法和技术，如云检测与去除、辐射校正等，以提高影像质量。结合时间序列分析，光学遥感还可以捕捉湿地随季节变化的趋势，如春季洪水淹没区扩展、秋季植被枯黄等情况，这对于理解湿地生态过程至关重要。

（二）微波遥感技术及其特殊贡献

微波遥感技术不受光照和大气条件的影响，能够在全天候条件下稳定工作，这为湿地特别是沿海和极地地区湿地提供了可靠的监测保障。合成孔径雷达（SAR）是目前最常用的微波遥感技术之一，该技术借助微波信号穿透云层的特性，获取地表形态的相关信息。对于湿地环境，合成孔径雷达（SAR）影像能够清晰地展示水体边界、植被覆盖情况以及土壤湿度等关键指标。尤为关键的是，SAR技术还配备了干涉测量功能，通过对比两次成像过程中地表高度的差异，能够精确计算出地面的沉降量，这一技术对于监控海岸带湿地因海平面上升所面临的威胁具有重要的应用价值。

除SAR之外，极化SAR（PolSAR）进一步增强了对不同类型湿地表面材质的区分度，它能够捕捉更多极化方向上的散射特性，提高了分类精度。例如，双极化或多极化SAR可以帮助区分泥炭沼泽与普通淡水沼泽，因为两者在不同极化方向上的响应有所不同。微波遥感技术还在应对极端天气事件方面发挥了重要作用。当暴雨来袭时，SAR可以迅速生成受灾区域的地图，为救援行动提供支持；而在干旱季节，则可以评估湿地干涸程度，指导水资源调配。总之，微波遥感技术为湿地监测开辟了新的途径，增强了应对复杂环境变化的能力。

（三）无人机遥感技术带来的革新

近年来，无人机（UAV）遥感技术迅速崛起，为湿地监测带来了前所未有的灵活性和效率。无人机平台可以搭载各种类型的传感器，如RGB相机、多光谱相机、热红外相机等，根据任务需求选择合适的设备组合。相比于传统的卫星或飞机遥感，无人机具有飞行高度低、机动性强等特点，可以在短时间内完成特定区域的精细测绘，这对于那些难以到达的湿地边缘地带尤为适用，如红树林、河口三角洲等复杂地形区域。

无人机遥感技术不仅提高了空间分辨率，还能实现高频次重复观测。例如，在湿地恢复项目中，无人机可以在不同生长阶段拍摄同一地点的照片，记录植被恢复进度。无人机还可以携带气体传感器，用于监测湿地排放的温室气体，如甲烷、二氧化碳等，这对评估湿地碳汇功能非常重要。值得注意的是，随着人工智能和机器学习算法的发展，无人机遥感能够自动识别湿地内的人类活动痕迹，如非法开垦、建筑施工等，为执法部门提供及时预警。总之，无人机遥感技术以其独特的优势，正在成为湿地监测的新宠儿，为生态保护注入了新的活力。

三、地理信息系统（GIS）在自然资源调查中的应用

（一）地理信息系统（GIS）作为数据集成与管理平台

地理信息系统（GIS）在自然资源调查监测领域扮演着至关重要的角色。这一系统不仅是一个简单的地图展示工具，更是一个综合性的数据处理与分析平台。GIS 具有强大的数据整合能力，能够将遥感影像、气象数据、社会经济统计等多源时空数据融合，构建出一个全面的信息库。基于此，科研人员可以利用空间分析、网络分析、三维建模等多种技术手段，揭示数据深层次的价值。

在湿地监测方面，GIS 的应用显得尤为关键。它能够通过对比分析多期遥感影像，直观展现湿地面积的变迁；结合水文模型，对洪水淹没范围及其影响进行预测；运用缓冲区分析，衡量人类活动对湿地周边环境的压力。GIS 还能根据需求定制报表，并通过可视化手段，帮助决策者更好地理解研究成果。值得关注的是，随着云计算和大数据技术的推进，GIS 已不再局限于单机操作，而是走向网络化，实现资源的共享和服务的在线发布。这为更多人士参与湿地保护工作提供了可能，共同致力于构建全球湿地监测网络。

（二）空间分析与模型构建助力决策支持

GIS 的空间分析功能为湿地资源管理和保护提供了强有力的支持。通过建立空间查询和选择规则，用户可以从庞大的数据库中快速定位感兴趣的区域或对象。例如，寻找所有距离城市中心 10 公里以内且面积大于 5 公顷的湿地，以便规划城市绿地建设。GIS 还可以执行邻域分析、叠加分析等高级操作，揭示不同变量之间的相互关系。例如，分析湿地周边土地利用变化趋势，识别出可能威胁

湿地健康的潜在因素。

模型构建是 GIS 应用的另一个重要方面。湿地生态系统的复杂性决定了单一指标难以全面反映其状态，因此需要综合考虑多个因子。例如，通过构建湿地健康评价模型，可以将水质、土壤、植被等多项指标量化，并赋予相应权重，最终得出一个综合评分。这种模型不仅可以评估现有湿地的健康状况，还可以模拟不同管理措施下的预期效果，为政策制定者提供科学依据。GIS 还可以辅助构建湿地生态服务价值评估模型，估算湿地提供的各项服务功能，如水源涵养、碳固定等，从而更好地体现湿地的社会经济效益。

（三）公众参与与教育推广中的作用

GIS 技术不仅服务于专业人士，也在公众参与和教育推广方面发挥着重要作用。借助 Web GIS 平台，政府机构和非营利组织可以创建在线地图应用程序，向公众开放湿地资源信息。例如，展示全国范围内湿地分布图、保护区边界、物种分布点等内容，让用户能够轻松浏览和查询。同时，这些应用程序还可以设置交互式功能，允许用户提交反馈意见或报告发现的问题，增强公众参与度。

在教育领域，GIS 软件和教学资源的普及为学生提供了实践机会。从中学到大学，越来越多的课程引入了 GIS 相关知识，培养学生的空间思维能力和数据分析技能。例如，组织学生开展虚拟实地考察活动，让他们使用 GIS 工具绘制校园周边湿地地图，标注观察到的动植物种类。通过举办专题讲座、竞赛等形式，激发学生对湿地保护的兴趣和责任感。总之，GIS 技术为湿地保护注入了新的活力，拉近了公众与自然的距离，形成了良好的社会共识和支持氛围。

第四节　自然资源调查监测的未来趋势：技术革新与政策导向

一、技术革新对自然资源调查监测的影响

（一）高分辨率遥感影像推动精细化监测

随着卫星技术的进步，新一代遥感卫星如 Landsat 9、Sentinel 系列等不断发射升空，带来了更高的空间分辨率和更频繁的重访周期。这些高分辨率影像能够

捕捉到湿地内部细微的变化，如植被种类的转变、水体边界的精确位置以及泥炭地的动态演变，这对于湿地资源管理尤为重要，因为它们可以提供更加详细的信息支持，帮助识别那些传统手段难以发现的小规模变化。例如，在红树林恢复项目中，通过对比不同时间点的高分辨率影像，科学家们可以评估新种植树木的生长情况，并及时调整养护措施。

高分辨率遥感影像的应用还促进了湿地分类精度的提升。利用机器学习算法和深度神经网络模型，可以从海量数据中自动提取特征，实现对复杂湿地环境的有效解译。这种自动化处理不仅提高了工作效率，还能确保结果的一致性和可靠性。对于那些分布广泛且地形复杂的湿地系统来说，这种方法尤为适用，因为它能够在短时间内完成大面积区域的快速评估，为决策者提供了强有力的数据支撑。

（二）无人机遥感技术增强灵活性与响应速度

近年来，无人机（UAV）遥感技术迅速崛起，成为湿地监测领域的一颗新星。相比传统的卫星或飞机遥感，无人机具有飞行高度低、机动性强等特点，可以在短时间内完成特定区域的精细测绘。特别是在应对突发事件时，如洪水灾害、非法开垦等，无人机能够迅速出动，获取第一手资料。例如，在一次洪涝事件后，无人机可以在灾后第一时间拍摄受灾区域的照片，生成详细的淹没范围图，为救援队伍指明重点救助区域，最大限度降低损失。

除了应急响应外，无人机遥感技术还在日常监测中发挥了重要作用。它可以根据预设航线自主飞行，定期采集湿地生态系统的各种参数，如植被覆盖度、土壤湿度等。这些数据有助于构建长期的时间序列记录，揭示湿地在不同季节或年份间的动态变化规律。值得注意的是，随着传感器小型化和智能化的发展，无人机平台可以搭载更多类型的设备，如多光谱相机、热红外相机等，进一步丰富了信息获取渠道，为湿地保护注入了新的活力。

（三）物联网与大数据分析优化实时监控能力

物联网（IoT）技术利用互联网将各类物理实体相互连接，实现了设备间的通信和数据交换。在湿地监测领域，环境中的传感器节点扮演着重要角色，它们负责捕捉水温、pH 值、溶解氧浓度等关键环境参数。这些节点通过 LoRaWAN、

NB-IoT等无线通信技术，将数据实时传输至云端，便于进行远程监控和分析。得益于分布式计算架构的设计，系统具备了容错能力，即使单个节点出现故障，也不会影响整体系统的持续运行，从而保证了数据传输的连续性和稳定性。

在处理这些由物联网设备收集的海量数据方面，大数据分析技术显得尤为重要。研究人员可以通过整合和分析来自不同源头的数据，揭示潜在的规律，并对未来的发展趋势进行预测。例如，通过融合历史气象数据和社会经济统计信息，可以建立湿地生态系统健康评估模型，对生态状态进行量化评估，并据此提出管理策略。基于智能算法的预警系统可以根据既定规则自动响应，一旦监测到水质恶化或非法活动等异常情况，便能迅速通知管理人员采取相应措施。综合来看，物联网与大数据分析技术的融合，为湿地监测带来了全面和立体的技术支持，显著提高了实时监控的效率和管理的科学性。

二、政策导向对自然资源调查监测的推动作用

（一）国际公约促进全球合作与标准统一

在全球气候变化背景下，湿地作为重要的碳汇和生物多样性保护区，受到了越来越多的关注。《湿地公约》（Ramsar Convention）是一项致力于保护和合理利用湿地的国际条约，已有多个国家加入其中，共同承诺保护本国境内的重要湿地。该公约不仅规定了各国应履行的具体义务，如建立国家湿地名录、制定保护计划等，还鼓励成员国之间开展技术交流和信息共享，以形成全球性的湿地保护网络。

《联合国气候变化框架公约》（UNFCCC）及其下的《巴黎协定》也强调了湿地在减缓和适应气候变化方面的作用。根据这些文件的要求，缔约方需要定期报告温室气体排放情况，并采取措施减少人为活动对湿地生态系统的负面影响。为此，许多国家制定了相应的法律法规，加强了对湿地资源的管理和保护力度。例如，中国颁布了《中华人民共和国湿地保护法》，明确了湿地保护的基本原则和具体措施；欧盟则推出了"自然2000"计划，旨在创建一个覆盖全欧洲的自然保护区域体系。这些政策举措为湿地调查监测提供了明确的方向指引和支持保障。

（二）国内政策法规强化地方执行力度

我国各级政府出台了一系列政策法规，以强化湿地保护工作。例如，我国政府提出了"山水林田湖草沙一体化保护"的理念，强调从整体上考虑生态系统服务功能，避免单一要素的孤立治理。这一思想贯穿于各项规划和决策之中，促使地方政府更加重视湿地资源的综合管理。具体来说，各地纷纷建立了湿地保护区、湿地公园等形式的保护区域，限制开发活动，恢复退化湿地，并积极开展宣传教育活动，提高公众环保意识。

同时，为了确保政策的有效实施，相关部门还制定了严格的考核机制。例如，生态环境部每年都会对各省份的湿地保护情况进行评估，公布排名结果，激励先进地区分享经验，督促落后地区加快整改。财政投入也在不断增加，中央和地方两级政府设立了专项资金，用于湿地修复工程、科研项目及监测体系建设等方面。这些资金支持不仅改善了硬件设施条件，也为培养专业人才、引进先进技术提供了可能。总之，国内政策法规的不断完善为湿地调查监测创造了良好的制度环境，增强了地方政府的责任感和执行力。

（三）公众参与机制提升社会监督效能

湿地保护不仅是政府部门的工作，也需要社会各界的积极参与。近年来，越来越多的非政府组织（NGO）、志愿者团体和个人投身于湿地保护事业，形成了多元化的社会力量。他们通过发起公益活动、组织科普讲座、参与公民科学项目等方式，宣传湿地价值，呼吁更多人关注湿地现状。例如，"世界湿地日"期间，全国各地会举办丰富多彩的主题活动，吸引了大量市民参与，营造了浓厚的社会氛围。

与此同时，公众参与机制的建设也为湿地调查监测提供了宝贵的补充。通过开设热线电话、设立举报邮箱等渠道，任何人都可以随时反馈发现的问题，如非法围垦、污染排放等，增强了社会监督效能。一些地方政府还推出了"湿地守护者"计划，招募热心市民担任兼职巡查员，定期巡视指定区域，记录观察结果。这种自下而上的监督方式弥补了官方监测网络的不足，提高了问题解决的速度和效率。总之，公众参与机制的完善为湿地保护注入了新的活力，形成了政府主导、社会协同的良好局面。

三、未来自然资源调查监测的发展方向

（一）跨学科融合深化理论研究与实践应用

未来，自然资源调查监测将更加注重跨学科融合，打破传统学科界限，促进生态学、地理信息系统（GIS）、遥感技术、水文学等多个领域的交流合作。这种跨学科的研究方法不仅可以加深对湿地生态系统结构和功能的理解，还能为实际应用提供更具针对性的技术方案。例如，结合生态模型与遥感数据分析湿地碳循环过程，既有助于揭示碳固定机制，又能指导造林绿化项目的选址和布局；又如，利用水文模拟与GIS空间分析评估湿地水资源承载力，为合理调配用水量、缓解干旱压力提供依据。

跨学科团队的合作还将推动新兴技术的研发和推广。例如，人工智能（AI）与遥感技术的结合有望实现湿地分类和变化检测的自动化处理，大大提高工作效率和准确性；基因编辑技术的应用可以帮助筛选出适应性更强的湿地植物品种，加速生态修复进程。总之，跨学科融合不仅是学术发展的必然趋势，也是解决复杂环境问题的有效途径，为湿地保护开辟了广阔前景。

（二）智能化与自动化提升监测效率与质量

随着信息技术的快速发展，智能化与自动化将成为自然资源调查监测的重要发展方向。一方面，智能传感器网络将进一步扩展，通过集成多种类型传感器，如温度、湿度、光照强度等，构建一个全面覆盖的监测体系。这些传感器不仅可以实时收集数据，还能根据环境变化自动调整采样频率，确保信息的时效性和完整性。另一方面，自动化处理软件将得到广泛应用，包括图像识别、数据清洗、统计分析等功能模块，大大减轻了人工操作负担，提高了数据处理速度。

特别是针对湿地这样的复杂生态系统，智能化与自动化技术的应用尤为重要。例如，基于深度学习的影像分类算法可以准确区分不同类型的湿地植被，识别出入侵物种的存在；无人船和水下机器人则可以在不干扰野生动物的情况下，深入水域内部采集样本，监测水质状况。虚拟现实（VR）和增强现实（AR）技术也为湿地教育和公众参与提供了全新体验，让用户仿佛置身于真实的湿地环境中，亲身体验生态保护的重要性。总之，智能化与自动化技术的引入将显著提升

湿地监测的质量和效率,为科学管理和决策提供坚实保障。

(三) 全球化视野拓展国际合作与资源共享

在全球化背景下,湿地保护不再局限于某一国家或地区,而是需要全世界共同努力。因此,未来自然资源调查监测将更加注重国际合作与资源共享。各国之间可以通过签署双边或多边协议,建立长期稳定的合作伙伴关系,共同开展科学研究和技术交流。例如,中美两国在湿地保护领域的合作已经取得了丰硕成果,双方不仅联合举办了多次研讨会,还启动了多个联合研究项目,涉及湿地碳汇功能评估、候鸟迁徙路线监测等内容。这种跨国合作不仅促进了知识和技术的传播,也为解决全球性环境问题积累了宝贵经验。

与此同时,国际组织和非政府机构也将发挥更大作用。例如,世界自然基金会(WWF)、国际鸟类联盟(BirdLife International)等组织经常发起全球性的湿地保护倡议,动员各方力量参与到具体行动中来。开放数据平台的建设为各国共享监测数据提供了便利条件,用户可以通过网络访问全球湿地资源信息库,获取最新的研究成果和发展动态。总之,全球化视野下的国际合作与资源共享将为湿地保护带来更多的机遇和挑战,促使共同探索可持续发展的道路。

第二章 湿地资源及其生态意义

第一节 湿地的定义、类型与分布

一、湿地的定义与分类标准

(一) 国际湿地公约下的湿地定义

根据《湿地公约》(Ramsar Convention),湿地被定义为"永久或临时性的沼泽地、泥炭地或水域地带,带有静止或流动、淡水、半咸水或咸水水体者,包括低潮时水深不超过6米的海域"。这一广泛而包容的定义涵盖了从浅水湖泊到沿海滩涂在内的多种生态系统。它不仅强调了湿地作为水陆过渡带的特点,还突出了其在不同气候条件下表现出的高度异质性。例如,在热带地区,红树林和珊瑚礁是典型的湿地形式;而在温带和寒带,则以河流、湖泊及泥炭沼泽为主。

《湿地公约》的定义还特别指出,人工湿地如水库、稻田等也属于湿地范畴。这是因为这些人类活动改造后的水体同样具备重要的生态功能和服务价值,如水质净化、洪水调节等。将人工湿地纳入保护范围,体现了人与自然和谐共生的理念,对于维持区域生态平衡具有重要意义。公约鼓励成员国制定符合本国国情的具体分类标准,以便更好地管理和利用湿地资源。

(二) 湿地分类体系的发展历程

湿地分类体系的演变体现了从初步到精细,从表象描述到本质剖析的发展轨迹。最初的分类依据主要是湿地的外观特征,如水体大小、植物生长状况等,这种分类方式未能深入探究湿地的内在结构和功能特性。然而,随着科研技术的不断发展和学科知识的积累,当代湿地分类方法融合了生物学、生态学和环境科学等多领域的理论。以国际湿地公约的湿地分类为例,它代表了湿地分类的一个重大突破,将湿地划分为海洋/海岸湿地、内陆湿地和人工湿地三大类别,并进一步划分为不同类型。这一体系综合考虑了水文特征、土壤类型以及植被群落等多个维度，使得湿地分类更加精确和系统化。

近年来，遥感技术和地理信息系统（GIS）的应用为湿地分类带来了新的机遇。通过多光谱和高分辨率影像解译，可以实现大范围湿地类型的快速识别和精细划分。例如，利用短波红外波段区分不同类型湿地表面材质，或者结合地形数据进行垂直分层分类。这种基于遥感影像的分类方法不仅提高了工作效率，还能确保结果的一致性和可重复性，为后续监测和管理提供了坚实基础。

（三）中国湿地分类标准及其应用

在中国，湿地分类标准经过长期探索和发展，形成了较为完善的体系。2017年发布的《中华人民共和国湿地保护法》明确规定了湿地的定义和分类原则，即按照地理位置、水文特性、植被类型等因素进行综合考量。具体来说，中国的湿地分为滨海湿地、河流湿地、湖泊湿地、沼泽湿地和其他类型湿地五大类。每一类又根据实际情况细分为若干亚类，如滨海湿地包括盐沼、红树林、海草床等；河流湿地涵盖泛滥平原、河漫滩等。

这一分类标准为中国湿地保护工作提供了明确指导，有助于各级政府和相关部门有针对性地开展管理工作。例如，在制定保护区规划时，可以根据湿地类型确定优先保护区域；在实施生态修复项目时，选择适宜的技术方案。标准化的分类体系还有利于数据统计和信息共享，促进了全国范围内湿地资源的整体评估和动态监测。总之，科学合理的分类标准是湿地保护的基础，也是实现可持续发展的关键环节。

二、全球湿地类型及其分布特点

（一）热带与亚热带湿地的多样性

热带和亚热带地区的湿地以其丰富的生物多样性和独特的生态环境而闻名。这里拥有世界上最广泛的红树林分布区，如东南亚的湄公河三角洲、南美洲的亚马孙河口等。红树林是一种适应海水浸泡的特殊森林类型，它们扎根于潮间带，形成密集的根系网络，有效地抵御风暴潮侵袭，保护海岸线免受侵蚀。同时，红树林还是众多珍稀物种的关键栖息地，如鳄鱼、猴子以及各种鸟类，为维持当地生态系统的稳定发挥了重要作用。

除了红树林外，热带和亚热带湿地还包括广阔的淡水沼泽、湖泊和河流系统。例如，非洲维多利亚湖周边的湿地为大量候鸟提供了中途停歇点，每年吸引着成千上万只鸟类前来觅食和繁殖。这些湿地不仅是地球上最富有生产力的生态系统之一，也是当地居民赖以生存的重要资源。然而，由于人口增长和经济发展带来的压力，许多湿地正面临严重威胁，如非法开垦、污染排放等。因此，加强国际合作，共同保护这些宝贵的自然资源显得尤为重要。

（二）温带湿地的季节性变化特征

温带地区湿地呈现出明显的季节性变化特征，这主要由气候变化和水文循环所驱动。春季到来时，冰雪融化，河流流量增大，导致湿地水位迅速上升，淹没大片低洼地带。此时，湿地内的动植物开始活跃起来，新一年的生命轮回正式开启。例如，在北美的五大湖区，春天是水禽迁徙高峰，数以百万计的鸭子、鹅类纷纷返回北方繁殖地。夏季期间，温度升高，水分蒸发加剧，湿地水量逐渐减少，但仍然保持着较高的湿度，适合多种耐旱植物生长。

秋季来临后，气温下降，降水增多，湿地再次迎来丰水期。这一时期，湿地植被进入成熟阶段，果实累累，吸引了大量动物前来觅食。冬季则是湿地相对平静的季节，大部分水体结冰，动植物进入休眠状态。然而，即使在寒冷环境下，某些湿地依然保持一定的活力，如热泉湿地中不断涌出的地热水为微生物创造了温暖的小生境。总之，温带湿地的季节性变化不仅展示了大自然的神奇魅力，也为科学研究提供了丰富素材，揭示了生态系统的内在规律。

（三）极地与高山湿地的独特挑战

极地和高山湿地构成了地球上最为极端的湿地生态系统，它们面临着特殊的环境条件和生存挑战。北极圈内的苔原湿地覆盖着厚厚的永冻土层，这里的植被主要是矮小的灌木、草本植物和苔藓地衣。尽管生长季短暂，但这些植物却能够在短时间内迅速完成生命周期，展现出顽强的生命力。例如，北极柳树虽然只有几厘米高，却能开出美丽的花朵，成为这片白色世界中的亮点。与此同时，极地湿地还是众多候鸟越冬的理想场所，如雪雁、天鹅等，它们在这里享受着丰富的食物资源，度过漫长而寒冷的冬天。

高山湿地则位于海拔较高、气温较低的山区，如喜马拉雅山脉、安第斯山脉等地。这里的湿地通常与冰川融水密切相关,形成了独特的冰缘地貌。高山湿地的植被以耐寒种类为主,如高山草甸、垫状植物等,它们适应了强风、低温和紫外线辐射等不利因素。值得注意的是,高山湿地在全球气候变化背景下尤为脆弱,因为气温升高可能导致冰川退缩,进而影响湿地水量供应。为了应对这一挑战,科学家们正在积极开展研究,探索如何保护这些珍贵的生态系统,确保它们在未来继续发挥重要作用。

三、中国湿地资源的分布与特点

(一) 东部沿海湿地的重要性

中国东部沿海地区拥有丰富的湿地资源,主要包括滨海湿地、河口湿地和近海湿地等类型。这些湿地是中国最重要的生态屏障之一,对于维护区域生态安全具有不可替代的作用。例如,长江口湿地是中国最大的河口湿地之一,总面积超过 3 000 平方公里,被誉为"东方之肾"。这里孕育着丰富的生物多样性,是东亚-澳大利西亚候鸟迁徙路线上的重要驿站,每年有数百万只鸟类在此停留休息。长江口湿地还承担着水源涵养、水质净化、防灾减灾等多项生态服务功能,为周边城市的可持续发展提供了有力支持。

黄渤海沿岸的盐沼湿地同样引人注目,它们分布在辽东半岛、山东半岛和江苏北部沿海一带。盐沼湿地由耐盐植物组成,如芦苇、碱蓬等,这些植物不仅能有效固定土壤,防止海岸侵蚀,还能吸收大量二氧化碳,起到碳汇作用。近年来,随着经济快速发展,东部沿海湿地面临着前所未有的开发压力,如围填海工程、港口建设等。为此,中国政府采取了一系列保护措施,如划定生态保护红线、建立自然保护区等,努力实现经济发展与环境保护的双赢局面。

(二) 中部平原湿地的生态服务价值

中国中部平原地区湿地分布广泛,主要包括长江中下游湿地、淮河流域湿地和洞庭湖、鄱阳湖两大淡水湖湿地。这些湿地不仅是重要的水资源储存库,还为农业灌溉、渔业生产和饮用水供应提供了可靠保障。例如,洞庭湖湿地是中国第二大淡水湖,湖区内岛屿星罗棋布,水道纵横交错,形成了独特而复杂的水网系统。每年汛期,洞庭湖能够容纳大量洪水,减轻了下游城市面临的洪涝风险。与此同时，湿地内丰富的水生植物和鱼类资源为当地渔民带来了可观的经济收益。

中部平原的湿地不仅拥有丰富的生态资源，还蕴含着深远的文化内涵和社会意义。在历史长河中，这片湿地激发了无数文人墨客的创作灵感，留下了众多传世佳作。例如，宋代文学家苏轼的《惠崇春江晓景》便是对江南湿地春色的细腻描绘。时至今日，湿地保护区、生态展览馆等文化教育场所的建立，不仅延续了这些文化遗产，也为当代人提供了与自然亲近、心灵放松的绝佳场所。湿地旅游的兴起不仅拉动了区域经济的发展，还加强了城乡文化的交流，实现了资源共享和共同发展。综上所述，中部平原湿地的生态、经济和文化价值，使其在推进中国生态文明建设的过程中扮演了关键角色。

（三）西部高原湿地的特殊地位

中国西部高原地区湿地主要集中在青藏高原、云贵高原和内蒙古高原等地。这里海拔高、气候寒冷，形成了独特的高原湿地生态系统。青藏高原湿地被誉为"世界屋脊上的绿洲"，其面积约占全国湿地总面积的三分之一。这里有著名的青海湖、纳木错等大型湖泊湿地，以及广袤无垠的高山草甸和泥炭沼泽。这些湿地不仅是众多高原特有物种的家园，如藏羚羊、野牦牛等，还在调节区域气候、维持水源涵养等方面发挥着至关重要的作用。

云贵高原湿地则以喀斯特地貌为特色，分布着众多溶洞、暗河和地下湖。这些湿地生态系统非常脆弱，容易受到人类活动的影响。例如，过度放牧、森林砍伐等行为可能导致水土流失，破坏湿地生态平衡。为此，当地政府加大了保护力度，实施了一系列生态修复工程，如植树造林、封山育林等，取得了显著成效。内蒙古高原湿地主要集中在呼伦贝尔草原和锡林郭勒草原，这里是蒙古族人民的传统游牧区，湿地与草原相互依存，共同构成了一个完整的生态系统。总之，西部高原湿地因其独特的地理位置和生态功能，在中国乃至全球湿地保护中占据着特殊地位。

第二节 湿地生态系统的功能与效益

一、水文调节功能的具体表现

（一）洪水调蓄作用

湿地在洪水管理中扮演着至关重要的角色，其独特的地形和植被结构使其成为天然的"海绵"。当暴雨或河流泛滥时，湿地能够迅速吸收过量降水，并通过缓慢释放的方式维持下游水量的稳定。例如，在长江中下游地区，洞庭湖和鄱阳湖两大淡水湖湿地每年汛期都能容纳大量洪水，减轻了对沿岸城市和农田的压力。这种调蓄机制不仅保护了人类生命财产安全，还为野生动物提供了避难所，维护了生物多样性。

湿地中的泥炭沼泽和河漫滩等类型也具备强大的储水能力。泥炭层由多年沉积的植物残体组成，具有极高的吸水性，可以在干旱季节保持湿润状态，为周边生态系统提供稳定的水源补给。河漫滩则是河流溢出河道后形成的低洼地带，通常覆盖着茂密的草本植物，它们可以减缓水流速度，增加水分渗透时间，进一步提高了湿地的蓄水效能。总之，湿地的洪水调蓄功能是实现区域水资源可持续利用的重要保障。

（二）地下水补充与水质净化

湿地不仅是地表水的重要储存库，还在地下水资源的补给方面发挥着重要作用。湿地底部的土壤层富含有机质，这些物质可以促进微生物活动，加速有机物分解，形成有利于水分渗透的孔隙结构。例如，在美国佛罗里达州的大沼泽地国家公园，湿地系统每年向当地含水层注入数亿立方米的清洁水源，确保了周围社区的用水需求。同时，湿地还能过滤掉流入其中的污染物，如农业化肥、工业废水等，起到自然净水器的作用。

湿地植被通过根系吸附和降解过程有效去除水中的有害物质，特别是氮、磷等营养元素。这有助于防止富营养化现象的发生，保持水体清澈透明。例如，芦苇、香蒲等挺水植物能够在生长过程中吸收大量的氮素，并将其固定在体内，减少了水体中藻类暴发的风险。湿地底泥中的微生物群落也参与了复杂的生物化学反应,将有机污染物转化为无害物质,从而改善了水质条件。总之,湿地在水资源管理和环境保护中起到了不可替代的作用。

(三) 水循环调节与气候影响

湿地作为地球水循环的关键环节,对于调节局部乃至全球气候具有重要意义。湿地表面蒸发量大,尤其是在夏季高温时期,大量水分以水汽形式进入大气层,增加了空气湿度,降低了气温。例如,在非洲维多利亚湖周边的湿地,由于其广阔的水域面积和丰富的植被覆盖,形成了一个相对湿润的小气候环境,缓解了炎热天气带来的不适感。湿地还可以通过调节降雨分布来影响气候模式。研究表明,健康的湿地生态系统能够增强云团形成,促使更多降水发生,这对于干旱地区的水资源补充尤为关键。

湿地在全球碳循环中同样扮演着重要角色。它们是地球上最重要的陆地碳汇之一,通过光合作用固定二氧化碳,并将其封存在植物组织和土壤中。这一过程不仅有助于缓解气候变化,还为湿地植物创造了适宜的生长条件,促进了水循环的良性循环。总之,湿地的水循环调节功能与其碳汇功能相辅相成,共同维护了地球生态系统的平衡与稳定。

二、生物多样性维持功能的案例分析

(一) 候鸟栖息地的重要性

湿地是众多候鸟迁徙路线上的重要停歇点和繁殖地,提供了丰富多样的食物资源和安全的栖息环境。例如,位于东亚-澳大利西亚候鸟迁徙路线上的中国黄渤海沿岸湿地,每年吸引着数百万只鸟类前来觅食和休息。这里拥有广袤的盐沼、红树林和浅海水域,为不同种类的候鸟提供了充足的食物来源,如小型鱼类、贝类和昆虫等。湿地内密集的植被覆盖也为候鸟提供了隐蔽场所,使其免受天敌侵害,保证了种群繁衍的成功率。

湿地不仅是候鸟的中途站,也是许多珍稀物种的永久家园。例如,在澳大利亚西北部的金伯利地区,湿地孕育了大量特有种鸟类,如黑喉石䳭、澳大利亚白鹮等。这些物种依赖湿地提供的特殊生态环境生存,任何破坏都可能导致它们失去栖息地,面临灭绝风险。因此,保护湿地对于维护全球生物多样性至关重要。

近年来，国际社会越来越重视湿地保护工作，各国纷纷加入《湿地公约》，共同承诺保护本国境内的重要湿地，确保候鸟和其他野生动植物的安全。

（二）鱼类产卵场与幼鱼育肥区的功能

湿地是许多淡水和咸水鱼类的重要产卵场和幼鱼育肥区，对渔业资源的可持续发展具有决定性影响。例如，在东南亚的湄公河三角洲，湿地为鲶鱼、鲤鱼等经济鱼类提供了理想的繁殖场所。这些鱼类会在特定季节洄游至湿地，选择合适的地点产卵，幼鱼孵化后则在湿地浅水区觅食成长。湿地丰富的饵料资源和适宜的水温条件为幼鱼提供了良好的生长环境，提高了它们存活率和个体质量。随着幼鱼逐渐长大，它们会再次返回主河道或海洋继续生活，形成完整的生命周期。

湿地的鱼类产卵场和幼鱼育肥区功能还体现在生态服务价值上。健康的湿地生态系统能够支持多种鱼类种群的繁衍生息，维持了渔业资源的稳定供应。例如，在中国的洞庭湖湿地，渔民们世代依靠这里的渔业资源谋生，湿地保护直接关系到他们的生计和发展。湿地还是科学研究的理想场所，科学家们可以通过长期监测了解鱼类行为习性和生态需求，为制定科学合理的渔业管理政策提供依据。总之，湿地在鱼类资源保护和利用中发挥了不可替代的作用。

（三）两栖动物与爬行动物的庇护所

湿地为两栖动物和爬行动物提供了独特而重要的栖息地，满足了它们对水分和温度的特殊要求。例如，在中美洲的热带雨林湿地，树蛙、箭毒蛙等两栖动物在这里找到了理想的生存空间。湿地内的池塘、溪流和潮湿的森林地面为这些动物提供了必要的水源和遮蔽处，使它们能够在白天隐藏起来，躲避天敌攻击。夜晚，两栖动物活跃起来，捕食昆虫和其他小型无脊椎动物，完成自身的能量补充和繁殖任务。

爬行动物如鳄鱼、龟鳖类也在湿地中找到了适合的生活环境。例如，在非洲尼罗河沿岸的湿地，尼罗鳄以其强大的适应能力和凶猛的捕猎技巧成了这片水域的顶级掠食者。湿地为鳄鱼提供了丰富的食物来源，如鱼类、鸟类和哺乳动物，同时也为它们的繁殖和后代成长创造了良好条件。湿地内的沙地和泥潭是龟鳖类筑巢产卵的理想场所，母龟会选择合适的位置挖掘洞穴，将蛋埋藏其中，等待幼崽孵化。总之，湿地作为两栖动物和爬行动物的庇护所，不仅维护了它们的种群数量，还促进了整个生态系统的健康运转。

三、湿地碳汇功能的评估与意义

（一）湿地植被的固碳作用

湿地植物通过光合作用吸收大气中的二氧化碳，并将其固定在植物体内和土壤中，形成了重要的碳汇。例如，红树林、芦苇、莎草等湿地植物具有较高的生产力，每年可以固定大量的碳元素。根据研究，每公顷红树林每年可固定1.5~2.0吨的碳，远高于其他类型的森林生态系统。湿地植物不仅在生长过程中积累了碳，而且死亡后的残体也会被埋入泥炭层中，经过长时间的分解转化为稳定的有机碳库。这种长期存储方式有效地减缓了温室气体排放，对抗气候变化产生了积极影响。

湿地植被的固碳作用还体现在其对土壤碳库的影响上。湿地土壤富含有机质，这些物质主要来源于植物凋落物和根系分泌物。当植物残体分解时，部分碳会以腐殖质的形式保留在土壤中，形成了庞大的碳库。例如，在北美的大沼泽地国家公园，湿地土壤中储存了大量的历史积累碳，这些碳库在过去几千年间不断增长，成为地球上最重要的陆地碳汇之一。湿地植被的固碳能力不仅取决于植物本身的特性，还受到环境因素的影响，如水位变化、温度波动等。因此，保护湿地植被及其生长环境对于提升碳汇效能至关重要。

（二）泥炭地的碳储存潜力

泥炭地是一种特殊的湿地类型，因其深厚的泥炭层而成为地球上最重要的碳库之一。泥炭是由多年沉积的植物残体在厌氧环境下不完全分解形成的，含有大量未被氧化的碳。全球范围内，泥炭地占陆地面积不到3%，却储存了大约1/3的陆地碳储量。例如，在北欧和俄罗斯的高纬度地区，广泛分布着大面积的泥炭沼泽，这些地方的泥炭层厚度可达数米甚至数十米，蕴含着海量的碳资源。

泥炭地的碳储存潜力不仅在于其巨大的存量，还体现在其稳定的保存特性上。由于泥炭形成过程中缺乏氧气，微生物活动受到抑制，植物残体难以彻底分解，从而使碳得以长期保存。然而，一旦泥炭地遭到破坏，如排水、开垦等活动，会导致泥炭层暴露于空气中，加速氧化分解，释放出大量二氧化碳和甲烷等温室气体。据估算,全球泥炭地每年因人为干扰而释放的碳量相当于化石燃料燃烧排放总量的10%左右。因此,保护泥炭地对于减缓气候变化具有重要意义,需要采取有效措施防止其退化和丧失。

(三) 湿地碳汇功能的社会经济价值

湿地碳汇功能除了对全球气候变化产生直接影响外,还具有显著的社会经济价值。通过参与碳交易市场,湿地保护项目可以获得额外的资金支持,促进当地经济发展。例如,在一些发达国家和地区,政府鼓励企业投资湿地恢复工程,作为履行减排义务的一种方式。这些项目不仅可以创造就业机会,还能带动相关产业的发展,如生态旅游、环保科技等。湿地碳汇项目的成功实施还可以提高公众对环境保护的认识和支持力度,形成良好的社会氛围。

湿地碳汇功能的开发也为发展中国家应对气候变化提供了新思路。许多发展中国家拥有丰富的湿地资源,但往往面临着资金和技术短缺的问题。通过国际合作,引入先进的监测技术和管理模式,可以帮助这些国家更好地管理和利用湿地碳汇资源。例如,在东南亚和非洲的一些国家,国际组织和非政府机构联合发起了一系列湿地保护项目,旨在提升当地湿地的碳汇效能,同时改善居民生活质量。

第三节　湿地资源在全球及中国的重要地位

一、湿地资源在全球生态系统中的作用

(一) 生物多样性保护的基石

湿地是地球上最富有生产力和生物多样性的生态系统之一。它们为成千上万种动植物提供了栖息地,包括许多珍稀和濒危物种。例如,在东南亚的红树林湿地中,丰富的鱼类、贝类和蟹类资源不仅支撑着当地渔业经济,还为众多鸟类提供了食物来源。这些湿地不仅是候鸟迁徙路线上的重要停歇点,也是它们繁殖后代的关键场所。全球范围内,湿地孕育了超过10%的世界鸟类种类,以及大量的两栖动物、爬行动物和哺乳动物。

湿地内部复杂的结构和多样的生态环境为微生物创造了适宜的生存条件。这

些微小生命在分解有机物质、循环营养元素等方面起到了至关重要的作用，维持了整个生态系统的平衡运作。因此，保护湿地不仅是维护大型动植物种群数量的基础，更是确保微生物多样性不可或缺的一环。湿地作为生物多样性保护的基石，对于地球生态系统的健康和稳定具有不可替代的意义。

（二）水文调节与水源涵养功能

在全球水循环系统中，湿地扮演着至关重要的角色，其特殊的地形结构和植被特点使其成为自然界中的"蓄水海绵"。在遇到强降雨或河流泛滥的情况时，湿地能够有效地吸收和储存过量水分，随后缓慢释放，从而保持下游水资源的平衡。以北美五大湖区的湿地为例，这些湿地在汛期可以吸纳大量的洪水，显著减少了洪水对周边居民区和农业区的威胁。这种自然的水文调节机制不仅保障了人类社会的安全，也为野生动植物提供了生存的栖息地，有助于生物多样性的保护。

湿地同样是至关重要的水源涵养区域。湿地土壤中含有丰富的有机物质，这些物质有助于水分的下渗，从而补充地下水。例如，位于澳大利亚的玛格丽特河湿地，每年向地下含水层补充数以亿计的清水，保障了周边居民的生活用水。湿地还能有效过滤掉流入的水体中的污染物，如农业化学品和工业废水，起到了天然净化器的作用。因此，湿地在水文调节和水源涵养方面的功能，对于实现地区水资源的可持续管理至关重要。

（三）碳汇功能与气候变化应对

湿地是地球上极为重要的碳储存库之一，它们通过光合作用将大气中的二氧化碳固定下来，并将其储存在植物和土壤中。这一过程不仅有助于减缓全球气候变化的趋势，还为湿地植物的生长提供了有利条件，促进了水循环的健康发展。以北极地区的泥炭地为例，这些湿地每年可以固定大量的碳，其效率远超其他类型的生态系统。湿地植物在生长和死亡的过程中，都将碳元素积累并储存在泥炭层中，形成了稳定的碳库。

湿地还在调节局部气候方面发挥着作用，从而间接影响全球气候变化。湿地表面的水分蒸发量大，尤其是在炎热季节，水分以水蒸气的形式进入大气，增加了空气的湿度，有助于降低气温。研究指出，健康的湿地能够促进云层的形成，增加降水量,这对于干旱地区的水资源补给尤为宝贵。综上所述,湿地的碳汇功能与其水文调节功能相得益彰,共同维护了地球生态系统的平衡与稳定。

二、湿地资源在中国生态安全中的地位

(一)生态屏障与防灾减灾

湿地在中国的地理分布极为广泛,从东部的沿海地带延伸到西部的高原区域,形成了一道天然的生态安全屏障。这些湿地在灾害防控方面扮演着不可替代的角色。以我国最大的咸水湖——青海湖湿地为例,它不仅是众多水生生物的栖息地,也是阻挡荒漠化向东蔓延的重要生态防线。青海湖湿地为周边地区提供了水源补给,同时调节了区域气候,减少了沙尘暴的发生。该湿地对于维护青藏高原生态平衡具有极其重要的意义。

在灾害防控方面,黄河三角洲湿地的作用尤为显著。这片湿地不仅为众多鸟类提供了栖息和繁殖的环境,而且在防洪减灾方面发挥了巨大作用。每当黄河汛期来临,三角洲湿地能够有效减缓洪水对下游地区的影响,保护了沿岸居民的生命财产安全。

(二)水资源管理与农业灌溉

中国中部地区的湿地,如汉江流域、洪泽湖和太湖等湿地,不仅是重要的水资源调节区域,也是农业发展的关键支撑。这些湿地在调节径流、改善水质、保障农业灌溉等方面发挥着重要作用。以洪泽湖湿地为例,它通过调节水源,为苏北地区的农业生产提供了稳定的水源,同时维持了区域水生态系统的健康。

中部地区的湿地还承载着丰富的文化遗产和生态教育功能。例如,依托于太湖湿地的各类生态公园和文化遗址,不仅传承了地方文化,也成为居民休闲娱乐和生态教育的重要场所。湿地的旅游开发促进了地方经济的发展,加强了城乡间的互动,实现了社会经济的和谐共生。

(三)生物多样性与文化遗产保护

中国西部高原的湿地,如四川的若尔盖湿地、云南的滇池湿地,以其独特的生态环境和生物多样性而闻名。若尔盖湿地是许多珍稀濒危物种的栖息地,如黑

颈鹤等，对于保护生物多样性具有重要意义。同时，这些湿地也是当地民族文化的重要组成部分，湿地保护与民族文化传承相辅相成。

以滇池湿地为例，近年来，通过实施生态修复工程，不仅恢复了湿地的自然功能，也促进了当地民族文化的保护与发展。滇池周边的少数民族社区，通过发展生态旅游和手工艺品制作等，既保护了湿地生态环境，又实现了社区经济的可持续发展。西部高原湿地的保护工作，不仅关乎生态安全，也是维护民族文化和生物多样性的重要举措。

三、湿地保护与可持续利用的国际共识

（一）国际公约与政策框架

在全球气候危机的背景下，湿地作为自然界的宝贵碳储存库和生物多样性的摇篮，其重要性日益凸显。为此，《湿地公约》这一国际协议应运而生，汇聚了众多国家之力，共同致力于湿地的保护与合理利用。该公约不仅设定了建立国家湿地清单、规划保护行动等核心义务，还促进了成员国间的技术合作与信息共享，构建了一个跨国界的湿地保护网络。

以澳大利亚为例，该国积极响应《湿地公约》的号召，不仅加入了该公约，还制定了《国家湿地政策》，明确了湿地保护的目标、原则和具体措施。该政策与《联合国气候变化框架公约》及《巴黎协定》的精神相契合，共同推动了湿地在应对气候变化中的积极作用。通过立法手段，澳大利亚加强了对湿地资源的监管与保护，为全球湿地保护树立了典范。

（二）科学研究与技术创新

在湿地保护的征途中，科技创新扮演着至关重要的角色。近年来，遥感技术与地理信息系统的飞速发展，为湿地的精准识别、动态监测提供了强有力的技术支持。以美国为例，该国科学家利用先进的卫星遥感技术，结合机器学习算法，实现了对全国范围内湿地类型的高精度分类和变化检测。这一技术革新不仅提高了监测效率，还确保了数据的准确性和一致性，为湿地保护决策提供了科学依据。

跨学科研究团队的协作也推动了湿地保护技术的不断突破。例如，生态学家

与工程师携手,利用基因编辑技术培育出耐盐碱、抗污染的湿地植物新品种,有效提升了湿地生态系统的自我修复能力。这些科技创新成果的应用,为湿地保护注入了新的活力,推动了湿地资源的可持续利用。

(三) 公众参与与教育推广

湿地保护是一项系统工程,离不开社会各界的广泛参与。在欧洲,许多非政府组织、志愿者团体和热心公民积极投身于湿地保护事业,形成了强大的社会合力。他们通过组织科普活动、开展环保教育、参与湿地恢复项目等方式,不断提升公众对湿地价值的认识,激发了社会各界对湿地保护的热情。

以荷兰为例,该国政府推出了"湿地守护者"计划,鼓励公众积极参与湿地保护。通过设立举报渠道、招募志愿者巡查员等措施,荷兰构建了一个覆盖全国的湿地保护网络。这些志愿者们定期巡视湿地,记录生态状况,及时反馈问题,为政府决策提供了宝贵的第一手资料。同时,他们的行动也起到了良好的示范效应,带动了更多人关注和参与湿地保护事业。这种社会参与机制的建立,不仅增强了湿地保护的力度,还提升了公众的环保意识和责任感。

第四节 湿地资源面临的威胁与挑战:保护与管理难题

一、湿地资源面临的自然威胁

(一) 气候变化带来的极端天气事件

气候变化对湿地生态系统构成了严重威胁,尤其是频繁出现的极端天气事件。全球变暖导致气温升高、降水模式改变,使得干旱和洪水等灾害更加频繁且剧烈。例如,在热带地区,长时间的干旱可能导致红树林死亡,破坏了沿海湿地的生态平衡;而在温带地区,暴雨引发的洪涝则可能淹没大片湿地,造成水生植物受损和栖息地丧失。海平面上升也是不可忽视的因素,它逐渐侵蚀着沿海湿地,特别是那些位于低海拔区域的盐沼和泥炭沼泽。

为了应对气候变化的影响,科学家们正在研究湿地适应机制,并提出了多种缓解措施。例如,通过构建生态堤坝或恢复河口地形,可以增强湿地抵御风暴潮的能力；在内陆湿地，则可以通过优化水资源管理来维持适宜的水位，确保湿地植被健康生长。然而，这些措施的有效性还需要长期监测数据的支持，以评估其实际效果并进行相应调整。总之，气候变化背景下湿地所面临的自然威胁需要采取综合性的保护策略，才能有效维护其生态功能和服务价值。

（二）地质活动与自然灾害

除了气候变化外，地质活动也给湿地带来了诸多挑战。地震、火山喷发等地质现象不仅直接破坏湿地结构，还可能引发次生灾害，如泥石流、滑坡等。例如，在环太平洋地震带上分布着大量湿地，一旦发生强震，可能会导致河流改道、湖泊干涸等问题，严重影响湿地生态系统稳定性和生物多样性。火山灰覆盖湿地表面后会阻碍植物光合作用，降低土壤透气性，从而影响湿地植物生长。

自然灾害如飓风、台风等同样对湿地构成威胁。这些强风暴通常伴随着狂风巨浪，能够摧毁湿地中的树木和建筑物，甚至将整个岛屿夷为平地。例如，2017年飓风"玛丽亚"席卷加勒比海地区时，许多岛屿上的红树林湿地遭到严重破坏，导致当地渔业资源锐减，生态服务功能大幅下降。面对此类自然灾害，提前预警系统和应急响应机制显得尤为重要。建立完善的防灾减灾体系可以帮助减少损失，提高湿地生态系统的恢复能力。

（三）外来物种入侵与疾病传播

湿地生态系统相对脆弱，容易受到外来物种入侵的影响。外来物种通过自然扩散或人为引入进入湿地后，往往由于缺乏天敌而迅速繁殖，抢占本地物种的生存空间，改变原有的食物链结构。例如，美国东南部的湿地中，亚洲鲤鱼的泛滥已经严重威胁到本土鱼类种群；而在澳大利亚，甘蔗、蟾蜍的入侵不仅破坏了湿地植被，还毒害了许多野生动物。外来物种还可能携带病原体，引发新的疾病传播问题。

湿地植物和动物之间的相互依存关系决定了任何一方的变化都会影响整个生态系统的稳定性。例如，某些外来植物可能分泌化感物质抑制其他植物生长，或者形成密集的根系网络阻止水分渗透，导致湿地土壤条件恶化。因此，加强对外来物种的监测和防控是湿地保护工作的重要内容之一。同时，开展科学研究探索外来物种与本地物种之间的竞争机制，有助于制定更为有效的管理措施，保障湿地生态系统的健康运行。

二、湿地资源面临的人类活动威胁

(一) 农业与畜牧业的过度开发

人类活动对湿地资源造成了巨大压力，其中农业和畜牧业的过度开发尤为突出。为了满足不断增长的人口需求，许多国家和地区纷纷开垦湿地用于种植粮食作物或放牧牲畜。例如，在东南亚的一些国家，大量的红树林被砍伐用来建造虾塘，这不仅破坏了海岸线防护屏障，还导致了海水倒灌，加剧了土地盐碱化。过度放牧使得草地退化，降低了湿地的生产力，增加了土壤侵蚀风险。

农业生产过程中使用的化肥、农药等化学物质也会随着径流进入湿地，造成水质污染，影响水生生物健康。例如，氮磷等营养元素过量输入会导致水体富营养化，促进藻类暴发，进而消耗水中氧气，使鱼类和其他水生生物窒息死亡。为此，推广生态友好型农业技术成为解决这一问题的关键。例如，采用精准灌溉系统可以减少水资源浪费，实施有机肥料替代方案可以降低化学污染，同时还能提高农产品质量。总之，合理规划农业和畜牧业布局，推广可持续生产方式，对于保护湿地资源至关重要。

(二) 城市化与基础设施建设

随着全球经济快速发展，城市化进程加快，越来越多的土地被用于建设住宅区、工业园区和交通设施。湿地作为城市扩张的主要对象之一，面临着前所未有的开发压力。例如，在中国东部沿海地区，大规模围填海工程使得大量滨海湿地消失，原本丰富的生物多样性急剧减少。与此同时，城市排水系统不完善，导致污水未经处理直接排入湿地，进一步恶化了水质状况。

基础设施建设同样对湿地产生了负面影响。例如，修建大坝改变了河流自然流动规律，阻断了鱼类洄游通道，影响了湿地生态系统的完整性。道路建设割裂了湿地景观，形成了生态孤岛，限制了动植物迁移和基因交流。为了减轻这些影响，城市规划者应充分考虑湿地保护需求，采取生态补偿措施，如建设人工湿地净化污水处理厂尾水，设置生态廊道连接破碎化的湿地斑块，确保生态系统的连通性和完整性。总之，平衡城市发展与湿地保护的关系，是实现人与自然和谐共生的关键所在。

（三）非法捕捞与资源掠夺

湿地不仅是重要的生态屏障，还是众多珍稀物种的家园。然而，非法捕捞和资源掠夺行为却对湿地生物多样性构成了严重威胁。例如，在非洲一些湖泊湿地，渔民使用电击器捕鱼，这种做法不仅杀死了大量成鱼，还破坏了幼鱼的生存环境，导致渔业资源枯竭。采砂船在湿地内非法作业，挖掘河床沉积物，破坏了水生植物根系，影响了底栖生物栖息地。

湿地植物同样遭受着非法采集的压力。例如，在中国南方的一些湿地，野生兰花因其药用价值而备受追捧，过度采摘使得部分种类濒临灭绝。为了打击此类违法行为，各国政府加大了执法力度，建立了专门的巡逻队伍，安装了监控设备，提高了违法成本。同时，加强公众教育，提高人们对湿地保护重要性的认识，鼓励社会各界参与监督举报。总之，只有通过综合治理手段，才能有效遏制非法捕捞和资源掠夺现象，保护湿地生态系统的完整性和稳定性。

三、湿地保护与管理中的政策与技术难题

（一）法律法规执行力度不足

尽管许多国家和地区已经制定了保护湿地的相关法律法规，但在实际执行过程中仍存在诸多问题。一方面，法律法规覆盖面有限，未能涵盖所有类型的湿地，特别是那些小型分散的湿地往往成为监管盲区。另一方面，执法机构人员配备不足，技术装备落后，难以及时发现和制止违法行为。例如，在一些发展中国家，湿地保护区边界模糊不清，周边居民随意侵占湿地从事农业生产或建设房屋，监管部门却无力制止。

跨部门协调机制不健全也是制约湿地保护成效的重要因素。湿地保护涉及多个政府部门，如林业、水利、环保等，各部门之间职责交叉重叠，容易产生推诿扯皮现象。为了改善这一局面，需要建立健全统一协调的管理体制，明确各部门职责分工，加强信息共享和联合执法。同时，提高执法人员素质和技术水平，配备先进的监测设备，确保法律法规得到有效落实。总之，强化法律法规执行力，是实现湿地科学管理和有效保护的基础保障。

（二）资金投入与技术支持缺乏

湿地保护是一项长期而艰巨的任务，需要大量资金投入和技术支持。然而，现实中许多国家和地区在这方面存在明显短板。财政预算有限，无法满足湿地调查监测、生态修复等项目的资金需求。专业技术人才匮乏，特别是在偏远地区，高水平的科研团队和专业技术人员短缺，影响了湿地保护工作的深入开展。例如，在非洲一些国家，由于缺乏必要的仪器设备和技术指导，湿地监测数据不准确，难以反映真实情况，导致决策失误。

为了解决这些问题，国际社会应加强合作，提供更多的援助和支持。发达国家可以通过技术转让、项目资助等方式帮助发展中国家提升湿地保护能力。同时，鼓励社会资本参与湿地保护事业，如设立湿地基金、推行碳交易市场等，拓宽融资渠道。培养本地专业人才，建立培训基地，推广适用技术，提高基层工作人员业务水平。总之，增加资金投入和技术支持，是推动湿地保护工作向前发展的必要条件。

（三）公众意识与参与度有待提高

湿地保护不仅依赖于政府和专业机构的努力，更需要全社会共同参与。然而，当前公众对湿地重要性的认识仍然不足，参与度较低。许多人不了解湿地的功能和服务价值，认为湿地只是荒芜之地，没有意识到它们在调节气候、涵养水源等方面发挥着不可替代的作用。例如，在一些地方，居民为了短期经济利益，擅自围垦湿地，导致生态环境遭到破坏。

为了改变这种状况，必须加大宣传教育力度，普及湿地知识，提高公众环保意识。学校可以开设相关课程，组织学生参观湿地公园，开展实践活动，从小培养爱护自然的习惯。媒体也可以发挥积极作用，通过电视节目、网络平台等多种形式宣传湿地保护的重要性。建立志愿者服务体系，吸引热心人士加入湿地保护行列，形成全民参与的良好氛围。

第二部分 湿地遥感监测的理论基础与技术

第三章 湿地遥感监测的基本原理

第一节 湿地遥感监测的物理基础

一、电磁波与地物相互作用的基本原理

(一) 电磁波谱及其分类

电磁波谱涵盖了从伽马射线到无线电波的各种频率范围,而遥感技术主要利用的是可见光、近红外、中红外和热红外等波段。这些波段的电磁辐射具有不同的穿透能力和反射特性,能够揭示地表物体的不同属性。例如,可见光波段(0.4~0.7微米)对植被颜色敏感,可以区分绿色植物与其他地物;近红外波段(0.7~1.3微米)则能有效识别健康植被,因为植物叶片中的叶绿素在该波段表现出强烈的反射特性。

遥感传感器通过接收来自地物表面反射或发射的电磁波来获取信息。不同类型的传感器适用于特定的波段范围,如多光谱传感器可以在多个窄带内同时成像,提供丰富的地物特征数据;高光谱传感器则将光谱分辨率进一步细化,能够在连续波长范围内进行精确测量,为湿地监测提供了更加详细的信息支持。合成孔径雷达(SAR)作为一种微波遥感技术,不受光照条件限制,能够在全天候条件下稳定工作,特别适合于云层覆盖频繁的湿地地区。

(二) 地物反射与吸收特性

地物与电磁波之间的相互作用主要包括反射、吸收和透射三种形式。对于湿地生态系统而言,水体、植被、土壤等不同成分表现出各异的光学特性。例如,

清洁的淡水通常呈现深蓝色调,在可见光波段反射率较低,而在近红外波段几乎不反射;相反,健康的植被在近红外波段反射强烈,这是由于叶绿素对近红外光的有效反射所致。泥炭沼泽中的有机质含量较高,其反射特性介于水体和植被之间,形成了独特的光谱曲线。

地物的吸收特性同样重要,它决定了电磁波能量被地物内部结构吸收的程度。例如,水体能够吸收大部分短波红外辐射,导致该波段内的反射率极低;而土壤中的矿物质则在某些特定波长处显示出明显的吸收峰,可用于区分不同类型的土壤质地。通过对地物反射和吸收特性的研究,科学家们可以构建出更为准确的地物模型,为湿地遥感监测提供理论依据和技术支持。总之,理解地物与电磁波的相互作用机制是实现高效湿地监测的基础。

(三) 散射与偏振现象

除了反射和吸收外,散射也是电磁波与地物相互作用的重要方式之一。当电磁波遇到比其波长大得多的颗粒时,会发生瑞利散射,这种散射效应使得天空呈现出蓝色。而在湿地环境中,悬浮颗粒如泥沙、藻类等会导致光的米氏散射,改变了光的方向分布。米氏散射不仅影响了图像质量,还可能掩盖了地物的真实特征,因此需要在数据处理过程中加以校正。

偏振现象是指电磁波振动方向随传播路径变化而产生的特性。自然界的许多地物都会改变入射光的偏振状态,例如水面的光滑度会影响反射光的偏振程度,从而为识别不同类型水体提供了额外的信息。近年来,偏振遥感技术逐渐受到关注,通过分析偏振图像,可以更准确地提取地物信息,提高湿地分类精度。偏振特性还可以用于检测水体污染状况,评估水质健康水平。总之,深入研究散射和偏振现象有助于提升湿地遥感监测的效果和准确性。

二、地物光谱特征及其遥感应用

(一) 植被光谱特征与健康状况评估

植被是湿地生态系统中最活跃的组成部分之一,其光谱特征反映了植物生长状态和生理功能。健康植被在可见光波段呈现绿色,这是因为叶绿素 a 和叶绿素 b 吸收蓝紫光和红橙光,反射绿光所致。然而,在近红外波段(0.7~1.3 微米),

植被表现出极高的反射率，这一特性被称为"植被红边效应"，是区分植被与其他地物的关键标志。

利用植被指数（Vegetation Index，VI）可以从遥感影像中定量评估植被健康状况。常用的植被指数包括归一化差异植被指数（NDVI）、增强型植被指数（EVI）等。这些指数通过组合不同波段的反射值，增强了对植被信号的响应，减少了大气干扰和其他因素的影响。例如，NDVI =（NIR-R）/（NIR+R），其中，NIR 代表近红外波段反射率，R 表示红色波段反射率。研究表明，NDVI 值越高，表明植被覆盖率越大，生长状况越好。通过定期监测 NDVI 变化趋势，可以及时发现湿地植被退化问题，采取相应保护措施。

（二）水体光谱特征与水质参数估算

水体的光谱特征与其物理化学性质密切相关，不同水质条件下的水体会表现出显著的光谱差异。清洁的淡水在可见光波段反射率较低，而在近红外波段几乎没有反射；相比之下，浑浊水体含有较多悬浮颗粒，会在短波红外波段产生较强的吸收峰。浮游植物、藻类等生物物质也会改变水体的光谱特性，形成特有的光谱曲线。

基于水体光谱特征，科学家们开发了一系列水质参数估算方法。例如，总悬浮固体（TSS）浓度可以通过分析可见光波段反射率的变化来确定；叶绿素 a 含量则与蓝绿光波段反射率相关联。近年来，随着高光谱遥感技术的发展，研究人员能够更加精细地解析水体光谱信息，建立了多种复杂的水质反演模型。这些模型结合了机器学习算法和物理模拟，提高了水质参数估算的准确性和可靠性。总之，水体光谱特征的研究为湿地水质监测提供了科学依据和技术手段。

（三）土壤光谱特征与类型识别

土壤作为湿地生态系统的重要组成部分，其光谱特征受到矿物组成、水分含量、有机质比例等因素的影响。不同类型的土壤在各个波段的反射率存在明显差异，这为遥感分类提供了重要依据。例如，砂质土壤在可见光波段反射率较高，而黏土矿物则在特定波长处显示出明显的吸收峰。土壤水分含量的变化会显著影响其光谱特性，湿润土壤在近红外波段反射率降低，而干燥土壤则表现出较高的反射率。

为了提高土壤类型的识别精度，科学家们提出了多种光谱特征参量。例如，亮度温度（Brightness Temperature）用于描述土壤表面温度，与土壤湿度呈负相关关系；铁氧化物指数（Iron Oxide Index）则反映了土壤中铁元素的存在形式。通过综合运用这些特征参量，可以构建出更加完善的土壤分类体系，为湿地土地利用规划和生态保护提供技术支持。高光谱遥感能够捕捉到更细微的光谱差异，进一步提升了土壤类型识别的准确性。总之，深入研究土壤光谱特征对于湿地资源管理和可持续发展具有重要意义。

三、湿地遥感监测的物理模型构建

（一）辐射传输模型与地表反射率计算

辐射传输模型（Radiative Transfer Model，RTM）是描述电磁波在大气和地表之间传播过程的重要工具。在湿地遥感监测中，RTM 主要用于模拟和校正大气效应，以获得准确的地表反射率数据。大气散射和吸收会改变遥感影像中的光谱信息，造成地物特征失真。因此，采用合适的 RTM 进行大气校正是确保数据质量的关键步骤。

MODTRAN（Moderate Resolution Atmospheric Transmission）是一种广泛应用的大气辐射传输模型，它可以模拟太阳辐射经过大气层到达地面的过程，并考虑了气体吸收、气溶胶散射等多种因素的影响。通过输入观测地点的气象参数（如温度、湿度、气溶胶光学厚度等），MODTRAN 能够生成大气透过率曲线，用于校正遥感影像中的大气影响。6S 模型（Second Simulation of the Satellite Signal in the Solar Spectrum）也是一种常用的 RTM，它不仅考虑了大气成分，还加入了地形起伏、植被覆盖等因素，提供了更为全面的模拟结果。总之，选择适当的辐射传输模型并进行精确的大气校正，是实现高质量湿地遥感监测的基础。

（二）水文模型与湿地水量平衡分析

湿地作为一个复杂的水文系统，其水量平衡涉及降水、蒸发、径流等多个环节。建立合理的水文模型对于理解和预测湿地动态变化至关重要。分布式水文模型（Distributed Hydrological Model，DHM）能够考虑空间异质性，模拟不同区域内的水循环过程。例如，MIKE SHE 是一个集成化的分布式水文模型，它可以模拟地下水流动、地表径流、土壤水分迁移等多种水文现象，为湿地水量平衡分析提供了详细的解决方案。

在湿地遥感监测中，结合遥感数据与水文模型可以实现对湿地水量的动态监测。例如，通过分析长时间序列的 Landsat 影像，可以获得湿地面积变化情况；再结合气象站提供的降水资料和水文模型的模拟结果，可以估算湿地的水量收支状况。利用合成孔径雷达（SAR）技术可以穿透云层，获取全天候的湿地水位信息，进一步提高了水量平衡分析的准确性。总之，将遥感技术和水文模型相结合，可以为湿地水资源管理提供科学依据和技术支持。

（三）生态模型与湿地健康评价

湿地生态系统的复杂性决定了单一指标难以全面反映其健康状况，因此需要构建综合性的生态模型来进行评估。例如，InVEST（Integrated Valuation of Ecosystem Services and Tradeoffs）是一款广泛使用的生态服务评估工具，它可以量化湿地提供的多项服务功能，如水源涵养、碳固定、生物多样性保护等。通过设置不同情景，InVEST 模型可以模拟各种管理措施对湿地生态服务的影响，为决策者提供科学依据。

基于遥感数据的生态模型还可以用于监测湿地植被覆盖度、物种多样性等关键指标。例如，MaxEnt（Maximum Entropy）模型可以根据已知物种分布点和环境变量，预测物种潜在分布范围，评估湿地生物多样性的变化趋势。通过整合多源遥感数据和生态模型，可以实现对湿地健康的动态监测，及时发现潜在问题，提出有效的保护策略。

第二节 湿地遥感监测的主要技术手段

一、光学遥感技术的特点与应用

（一）多光谱遥感在湿地分类中的应用

光学遥感技术利用可见光和近红外波段的电磁辐射来获取地物信息，其中多光谱遥感是湿地分类的重要工具。多光谱传感器能够在多个窄带内同时成像，提供丰富的地物特征数据。例如，Landsat 系列卫星搭载了多光谱扫描仪（MSS）、专题制图仪（TM）等设备，能够覆盖从蓝光到短波红外的多个波段。这些波段的组合使得不同类型的湿地植被、水体和土壤表现出各异的反射特性，为湿地分类提供了坚实基础。

通过对多光谱影像进行图像处理和分析，可以实现对湿地类型的精确识别。例如，采用监督分类方法，如最大似然法（Maximum Likelihood Classification），根据已知样本训练分类器，然后将未知像素分配给最接近的类别；非监督分类则通过聚类算法自动发现影像中的自然分组。结合地物光谱库和机器学习算法，可以进一步提高分类精度。研究表明，多光谱遥感在区分红树林、盐沼、淡水沼泽等不同类型湿地方面具有显著优势，为湿地资源管理和保护提供了有力支持。

（二）高光谱遥感对湿地健康状况的评估

高光谱遥感技术将光谱分辨率提升到了新的高度，能够在连续波长范围内进行精确测量。与传统的多光谱相比，高光谱影像提供了更为细致的地物光谱信息，有助于揭示湿地生态系统的内部结构和功能状态。例如，Hyperion 传感器搭载了 NASA 的地球观测一号（EO-1）卫星上，其光谱分辨率达到 10 纳米级别，能够捕捉到植物叶片中叶绿素、水分和其他生化成分的变化。

利用高光谱遥感数据，科学家们可以构建多种植被指数，如归一化差异植被指数（NDVI）、增强型植被指数（EVI）等，以定量评估湿地植被健康状况。通过分析特定波长处的吸收峰或反射峰，还可以识别湿地水体中的污染物，如悬浮颗粒、有机物质等。近年来，深度学习算法的应用为高光谱影像分类带来了新的机遇，提高了湿地健康状况评估的准确性和效率。总之，高光谱遥感技术为深入了解湿地生态系统动态变化提供了强有力的工具。

（三）时间序列分析与湿地变化检测

光学遥感技术的一个重要特点是能够提供长时间序列的数据集，这对于研究湿地变化过程至关重要。通过收集多年份的遥感影像，并对其进行标准化处理，可以构建出湿地的时间序列数据库。例如，MODIS（Moderate Resolution Imaging Spectroradiometer）传感器每天都能获取全球范围内的影像资料，经过云层去除、几何校正等预处理步骤后，形成了稳定可靠的数据源。

基于时间序列分析，可以实现对湿地面积扩张或缩减、植被覆盖度变化、水位波动等多种现象的监测。例如，采用合成孔径雷达差分干涉（DInSAR）技术，结合光学遥感影像，可以精确测量湿地地形起伏和水位变化；而通过对比不同年份的 NDVI 值，可以直观展示湿地植被生长趋势。时间序列分析还能揭示隐藏在表面之下的长期变化规律，如气候变化对湿地生态系统的影响。总之，光学遥感技术的时间序列分析能力为湿地动态监测和科学研究提供了宝贵的数据支持。

二、微波遥感技术的优势与限制

（一）全天候观测与穿透能力

微波遥感技术，特别是合成孔径雷达（Synthetic Aperture Radar，SAR），在湿地监测中展现了独特的优势。与光学遥感依赖可见光和近红外波段不同，SAR 使用微波频段，这一特性使其能够在任何光照条件下工作，不受天气影响。例如，在阴雨天或夜间，光学传感器可能无法获得清晰影像，但 SAR 却能正常运行，确保了数据的连续性和完整性。这种全天候观测能力对于湿地这类经常被云层覆盖的地区尤为重要。

除了不受光照条件限制外，微波遥感还具备强大的穿透能力。SAR 发射的微波信号可以穿透植被冠层和浅层土壤，获取地表以下的信息。例如，在热带雨林地区，SAR 可以穿透茂密的树冠，直接探测到地面湿度变化，这对于了解湿地水分平衡非常有帮助。微波遥感对水体表面的粗糙度敏感，能够区分平静水面和波浪涌动区域，从而为湿地水文特征的研究提供了新视角。总之，微波遥感技术的全天候观测和穿透能力使其成为湿地监测不可或缺的技术手段之一。

（二）地物分类与复杂环境适应性

微波遥感不仅在数据获取方面表现出色，还在地物分类和复杂环境适应性上具有明显优势。由于微波信号与地物之间的相互作用机制不同于光学波段，因此 SAR 影像呈现出独特的纹理特征。例如，湿地中的泥炭沼泽、草本植物群落、开阔水域等不同地物类型会在 SAR 影像中形成不同的回波强度分布。研究人员可以通过分析这些纹理特征，建立相应的分类模型，实现对湿地地物类型的高效识别。

微波遥感对于复杂环境具有良好的适应性。在一些极端条件下，如洪水泛滥、冰雪覆盖等，光学遥感能力受限，而 SAR 则能继续发挥作用。例如，在洪涝灾害期间，SAR 可以穿透浑浊水体，准确测量淹没范围和水深情况，为应急响应提供及时信息。同样，在寒冷季节，当湖泊结冰时，SAR 能够穿透冰层，监测冰下水体状况，评估潜在风险。总之，微波遥感技术凭借其独特的工作原理和优异性能，在应对复杂环境挑战方面展现出巨大潜力。

（三）局限性与改进措施

尽管微波遥感技术在湿地监测中有着诸多优点，但也存在一定的局限性。SAR 影像的空间分辨率相对较低，通常为几米至几十米，这在某些情况下可能不足以满足精细分类需求。微波信号容易受到大气电离层和对流层延迟的影响，导致几何畸变和辐射误差，影响数据质量。SAR 影像的解读难度较大，需要专业人员具备深厚的物理背景知识和技术经验。

为了克服上述问题，科学家们正在积极探索改进措施。例如，新一代 SAR 卫星如 Sentinel-1 采用了更高的轨道设计和更先进的成像模式，有效提升了空间分辨率；同时，引入大气校正算法，减少了大气干扰带来的误差。随着人工智能和机器学习算法的发展，自动化解译 SAR 影像变得更加可行，降低了操作门槛。总之，虽然微波遥感技术面临一些挑战，但通过不断创新和完善，其在湿地监测领域的应用前景依然广阔。

三、激光雷达遥感技术在湿地监测中的应用

（一）三维地形建模与湿地地貌分析

激光雷达（Light Detection and Ranging，LiDAR）是一种主动式遥感技术，它通过向目标发射激光脉冲并接收反射信号，精确测量地物距离。LiDAR 系统能够生成高密度点云数据，构建出详细的三维地形模型。在湿地监测中，LiDAR 技术主要用于描绘复杂的湿地地貌特征，如河漫滩、泥炭沼泽、海岸线等地形单元。

LiDAR 数据的高分辨率和高精度使得湿地地形建模更加逼真。例如，机载 LiDAR 可以在飞行过程中快速采集大面积区域的地形信息，生成 DEM（Digital Elevation Model），用于分析湿地地形起伏和水流路径。LiDAR 还能穿透植被冠

层，获取地表真实形态，这对于评估湿地植被覆盖度和生物量具有重要意义。通过结合 LiDAR 数据与多光谱影像，可以实现对湿地植被高度、密度等参数的精确估算，为湿地生态研究提供了丰富信息。总之，LiDAR 技术在湿地三维地形建模和地貌分析方面发挥了不可替代的作用。

（二）植被结构解析与生物多样性评估

除了地形建模外，LiDAR 技术在湿地植被结构解析和生物多样性评估中也展现了巨大潜力。LiDAR 点云数据包含了植被的高度、密度、枝叶分布等信息，这些信息对于理解湿地植被垂直结构和水平分布至关重要。例如，利用 LiDAR 数据可以计算植被高度剖面图，揭示不同层次植被的分布情况；结合冠层间隙分析，可以评估植被郁闭度和透光率，进而推断光照条件对下层植物生长的影响。

LiDAR 技术还可以用于监测湿地植物种类和数量的变化。例如，通过比较不同时期的 LiDAR 数据，可以发现湿地植被覆盖范围的扩展或缩减；再结合物种鉴定结果，可以量化物种多样性指数，如 Shannon-Wiener 指数。LiDAR 数据有助于识别稀有或濒危物种的栖息地，为制定针对性保护策略提供依据。总之，LiDAR 技术在湿地植被结构解析和生物多样性评估方面的应用，为湿地生态保护和管理提供了强有力的支持。

（三）水文特征监测与动态变化追踪

LiDAR 技术在湿地水文特征监测和动态变化追踪方面同样具有重要作用。由于 LiDAR 能够提供高精度的地形信息，它可以精确测量湿地水位变化，评估洪水淹没范围和水深情况。例如，在洪涝灾害发生时，利用 LiDAR 数据可以迅速绘制出淹没区地图，为应急救援和灾后重建提供决策支持。LiDAR 还可以用于监测湿地水量平衡，通过分析地表径流路径和地下水流动情况，揭示湿地水资源的时空分布规律。

LiDAR 技术的时间序列分析能力使其在湿地动态变化追踪方面表现出色。例如，通过定期采集 LiDAR 数据，可以观察到湿地边界、水体面积等要素的变化趋势；结合其他遥感数据，如光学影像和 SAR 影像，可以全面了解湿地生态系统演替过程。LiDAR 数据还可以辅助建立湿地水文模型，预测未来变化情景，为湿地资源管理和可持续发展提供科学依据。

第三节　湿地遥感监测的数据获取与处理

一、遥感数据获取的方法与策略

（一）卫星遥感平台的选择与应用

在湿地遥感监测中，选择合适的卫星遥感平台是确保数据质量和满足特定需求的关键。不同类型的卫星搭载了各种传感器，覆盖从可见光到微波的广泛电磁波谱范围。例如，Landsat 系列卫星以其多光谱和热红外波段的能力，提供了长时间序列的地表反射率数据；而 Sentinel-2 则以更高的空间分辨率和更短的重访周期，增强了对湿地动态变化的捕捉能力。

高分辨率商业卫星如 WorldView 和 GeoEye，能够提供亚米级的空间分辨率影像，适用于小面积湿地的精细监测。这些卫星不仅具有较高的几何精度，还能够在短时间内重复成像，为湿地资源管理和保护提供了详细的信息支持。合成孔径雷达（SAR）卫星，如 Sentinel-1 和 TerraSAR-X，不受云层和光照条件限制，适合于频繁遭受恶劣天气影响的湿地地区。总之，根据具体任务要求，合理选择卫星平台对于湿地遥感监测至关重要。

（二）无人机遥感系统的部署与优势

随着技术进步，无人机（Unmanned Aerial Vehicle，UAV）遥感系统逐渐成为湿地监测的重要手段之一。相比传统卫星和航空摄影，无人机具备灵活机动、成本低廉、操作简便等优点。小型固定翼无人机可以覆盖较大范围，实现快速巡检；而多旋翼无人机则更适合局部区域的精细化调查，如湿地植被健康状况评估、水体污染监测等。

无人机搭载的传感器类型多样，包括多光谱相机、高光谱相机、激光雷达（LiDAR）等。多光谱相机能够获取多个窄带内的地物反射信息，用于分类和识别湿地类型；高光谱相机则提供了连续波长范围内的光谱曲线，有助于深入分析湿地生态特征；LiDAR 则擅长构建三维地形模型，揭示湿地地貌结构。通过集成多种传感器，无人机遥感能够综合反映湿地的物理、化学和生物属性，为科学研究和管理决策提供全面支持。无人机还可以搭载热红外相机，用于夜间监测湿地动物活动或探测隐秘火灾源，进一步拓展了其应用领域。

（三）地面观测网络的建立与补充作用

尽管卫星和无人机遥感技术在大尺度上提供了丰富的湿地信息，但地面观测网络仍然不可或缺。地面站能够提供高精度的定位和校准数据，弥补遥感数据的空间分辨率不足问题。例如，在湿地边缘设立永久性 GPS 基准站，可以精确测量地形变化；安装自动气象站，记录温度、湿度、风速等环境参数，为遥感影像的大气校正提供参考依据。

地面观测还包括定点采样和移动监测两种方式。定点采样通常设置在代表性地点，定期采集土壤、水样等样本，分析其理化性质和污染物含量；移动监测则利用车载或手持设备，在更大范围内进行快速巡查。例如，使用便携式光谱仪现场测量植被反射特性，验证遥感数据准确性；携带水质检测仪实时监测河流、湖泊等水体指标，评估湿地健康状况。通过构建完善的地面观测网络，可以为湿地遥感监测提供重要的补充数据，提高整体监测效果和科学性。

二、遥感数据的预处理流程与技术

（一）辐射校正与大气效应消除

遥感数据获取后，必须经过一系列预处理步骤才能用于后续分析。辐射校正是其中的第一步，旨在将原始 DN（Digital Number）值转换为物理量，如反射率或亮度温度。这需要考虑传感器响应特性、太阳入射角、观测角度等因素的影响。例如，Landsat 系列卫星提供的定标系数可用于计算每个波段的表面反射率；而对于热红外波段，则需结合黑体辐射定律推导出地表温度。

大气效应乃影响遥感数据品质的关键因素之一，其可导致影像失真，降低地物特征的真实性。因此，采用恰当的大气校正模型至关重要。MODTRAN 乃一种广泛运用的大气辐射传输模型，其能够模拟太阳辐射穿越大气层抵达地面的过程，并兼顾气体吸收、气溶胶散射等多种因素。6S 模型亦为一种常用的 RTM，其不仅考量了大气成分，还融入了地形起伏、植被覆盖等因素，提供了更为周全的模拟结果。透过输入观测地点的气象参数（如温度、湿度、气溶胶光学厚度等），这些模型能够生成大气透过率曲线，用于校正遥感影像中的大气影响，确保数据的真实性和可靠性。

（二）几何校正与图像配准

几何校正旨在纠正由于传感器姿态变化、地球曲率、地形起伏等原因造成的影像变形，使不同时间或来源的遥感数据能够在同一坐标系下进行对比分析。几何校正包括内方位元素校正和外方位元素校正两部分。内方位元素校正主要针对传感器内部参数，如焦距、主点位置等；外方位元素校正则涉及传感器的位置和姿态信息，可通过地面控制点进行精确定位。

图像配准是将多时相或多源遥感影像对齐到统一的空间框架中，确保各影像之间的像素对应关系准确无误。常用的方法有基于特征点匹配、基于变换函数等。例如，利用 Harris 角点检测算法提取影像中的稳定特征点，然后通过 RANSAC 算法筛选最优匹配对，最终实现高精度配准。对于多光谱和高光谱影像，还可以采用波段间相关性分析，提高配准精度。通过几何校正和图像配准，可以确保遥感数据在空间维度上的准确性和一致性，为后续的分类、变化检测等分析奠定基础。

（三）噪声去除与增强处理

遥感影像不可避免地会受到各种噪声干扰，如条带噪声、椒盐噪声、随机噪声等，这些噪声会影响数据质量和分析结果。因此，采取有效的去噪方法是必要的。空域滤波器，如均值滤波、中值滤波、高斯滤波等，可以在不改变影像空间分辨率的情况下平滑噪声。频域滤波则通过傅里叶变换将影像转换到频率域，再应用低通、高通或带通滤波器，去除特定频率范围内的噪声。近年来，深度学习算法也被引入到遥感影像去噪中，取得了良好的效果。例如，卷积神经网络（CNN）可以通过训练大量含噪和干净影像对，自动学习去噪规则，实现高质量的去噪处理。

影像增强处理则是为了突出地物特征，便于视觉解释和定量分析。直方图均衡化、拉伸变换、伪彩色编码等方法可以改善影像对比度，增强视觉效果。例如，直方图均衡化通过重新分配像素灰度值，使得整个影像的灰度分布更加均匀；拉伸变换则可以根据设定的阈值调整影像亮度范围，突出目标区域；伪彩色编码则是将不同波段组合成彩色影像，直观展示地物差异。通过噪声去除和增强处理，可以显著提升遥感影像的质量和可读性，为湿地遥感监测提供了更加清晰可靠的数据支持。

三、遥感数据的质量评估与校验

（一）精度验证与误差分析

遥感数据的质量评估是确保监测结果可信的基础。精度验证主要通过与地面实测数据对比来评价遥感影像的准确性。例如，对于湿地分类结果，可以选择若干已知类型的样本地块作为验证样本，统计分类正确率、漏分率、错分率等指标。Kappa 系数是一种常用的精度评价指数，它不仅考虑了分类的总体正确率，还衡量了偶然一致性的比例，从而提供了更为客观的评价标准。混淆矩阵可以直观展示各类别之间的混淆情况，帮助识别分类错误的主要原因。

误差分析则是深入探讨遥感数据中存在的偏差及其来源。系统误差通常是由于传感器校准不当、大气影响未完全消除等原因引起的，表现为全局性偏移；随机误差则源于传感器噪声、地物反射特性复杂性等因素，呈现局部波动。通过对误差来源的分析，可以针对性地改进数据处理方法，提高遥感数据质量。例如，采用多次观测取平均值的方式减少随机误差；优化大气校正模型，减小系统误差。总之，精度验证和误差分析是确保遥感数据可靠性的关键环节，为湿地监测提供了科学依据和技术保障。

（二）时空一致性检验与长期稳定性评估

遥感数据的时空一致性检验旨在确保不同时间点或不同传感器获取的数据之间保持连贯性和一致性。这对于湿地动态变化监测尤为重要。例如，在研究湿地植被覆盖度随时间的变化趋势时，需要保证各时期影像的分类标准相同，避免因分类方法差异导致的结果偏差。同时，对于多源遥感数据，如 Landsat 和 Sentinel 系列卫星影像，应尽量采用相同的预处理流程，确保数据间的可比性。

长期稳定性评估是对遥感数据在较长时间跨度内的性能表现进行考察。随着传感器老化和技术更新换代，遥感数据的稳定性和一致性可能会受到影响。因此，建立长期稳定的地面观测站点，持续收集对照数据，是评估遥感数据长期稳定性的有效途径。例如，通过对比多年份的地面实测数据与相应时期的遥感影像，可以发现并纠正潜在的时间漂移问题。定期开展交叉验证实验，即用新旧数据相互验证，也是提高数据长期稳定性的有效措施。总之，时空一致性检验和长期稳定性评估有助于维持遥感数据的高质量，为湿地长期监测提供了坚实基础。

（三）用户反馈与迭代改进机制

遥感数据的质量不仅取决于技术手段的应用，还受用户需求和使用体验的影响。建立用户反馈渠道，及时收集用户意见和建议，对于不断优化遥感数据处理和服务至关重要。例如，湿地管理人员可能对某些特定区域的分类结果存在疑问，或者希望获得更多关于水质参数的信息。通过搭建在线平台或举办专题研讨会，可以直接与用户沟通交流，了解实际需求，指导数据处理方向。

迭代改进机制则是根据用户反馈和最新研究成果，持续优化遥感数据处理流程和技术方法。例如，当新的大气校正模型发布后，应及时更新现有算法，提高数据精度；当用户提出新的应用需求时，应积极探索解决方案，扩展遥感数据的应用领域。鼓励科研机构与政府部门合作，共同开展项目研究，促进技术创新和成果转化。

第四章 湿地遥感监测的关键技术

第一节 遥感影像预处理技术

一、辐射校正的原理与方法

（一）传感器定标与物理量转换

辐射校正是确保遥感影像数据质量的基础步骤之一，其目的是将原始 DN 值（Digital Number）转换为具有物理意义的反射率或亮度温度。传感器定标是这一过程的第一步，它依赖于制造商提供的定标系数，这些系数反映了传感器对不同波段电磁辐射的响应特性。例如，Landsat 系列卫星提供了特定的增益和偏移参数，用于计算每个波段的表观反射率。通过应用这些定标系数，可以消除传感器内部差异带来的影响，确保不同时间或不同传感器获取的数据之间具有可比性。对于高光谱影像，还需进行额外的波段定标，以确保各波段间的相对响应一致性。

物理量转换则进一步考虑了太阳入射角、观测角度等因素的影响，使得遥感影像能够准确反映地物的真实反射特性。对于多光谱影像，采用余弦定律修正太阳高度角效应，即根据太阳天顶角调整每个像素的反射率值；而对于热红外波段，则需结合黑体辐射定律推导出地表温度。这种转换不仅提高了数据的准确性，还增强了不同数据集之间的相互操作性，为后续分析奠定了坚实基础。在湿地监测中，精确的辐射校正尤其重要，因为它直接影响到水体、植被等关键要素的识别精度。

（二）大气校正与去气溶胶处理

大气对遥感影像的影响不容忽视。大气中的气体、颗粒物等会对太阳辐射和地表反射辐射进行吸收、散射和反射，导致影像的辐射信息发生失真。因此，需要进行大气校正，即利用大气辐射传输模型或经验公式，对影像进行辐射调整，以恢复地表的真实反射率。在湿地遥感监测中，常用的大气校正方法包括暗像元法、MODTRAN 模型等。通过大气校正，可以消除大气对影像的影响，提高影像的辐射质量。

去气溶胶处理也是大气校正的一部分，尤其是在空气污染严重的地区尤为重要。气溶胶会对可见光和近红外波段产生强烈的散射作用，影响地物反射特性的正确解析。为了消除气溶胶影响，科学家们开发了多种算法，如基于 AOD（Aerosol Optical Depth）的产品进行气溶胶含量估算，以及利用邻近波段间的相关性进行气溶胶浓度反演。通过引入气溶胶校正因子，可以在一定程度上恢复地物的真实反射率，提高湿地监测的准确性。结合地面实测数据进行验证，可以不断优化去气溶胶处理的效果，确保遥感影像的质量和可靠性。

（三）阴影校正与地形效应补偿

阴影是影响遥感影像质量的另一个重要因素，尤其是在山区或复杂地形区域。阴影会降低地物反射率，造成信息丢失，给后续分析带来困难。为此，阴影校正成为辐射校正中的重要环节。常用的方法包括基于数字高程模型（DEM）的阴影检测与修复，该方法通过计算太阳方位角和天顶角，确定阴影范围，并使用周围非阴影区域的平均反射率填充阴影部分。还可以采用基于纹理特征的阴影识别算法，通过分析影像的灰度分布和空间结构，自动提取阴影区域并进行修复。这种方法不仅能有效去除阴影影响，还能保持影像的整体连续性和一致性。

地形效应同样不容忽视，它会导致影像产生透视变形和辐射不均匀等问题。为了解决这些问题，通常采用地形辐射校正模型，如 C-factor 模型和 SCS+C 模型，这些模型综合考虑了地形起伏、太阳位置和观测角度等因素，对影像进行逐像素校正。通过引入 DEM 数据，可以精确计算每个像素的坡度、坡向等参数，进而补偿地形引起的辐射差异。总之，阴影校正与地形效应补偿是确保遥感影像真实反映地物特性的关键步骤，为湿地监测提供了高质量的数据支持。在实际应用中，如对青藏高原湿地的监测，地形效应补偿显得尤为重要，因为该地区地形复杂，传统的平面投影无法准确描述地物特征。

二、几何校正的步骤与注意事项

(一) 内方位元素校正与外方位元素校正

几何校正的主要目的是修正因传感器姿态变动、地球曲率以及地形起伏等因素导致的影像畸变,从而使不同时间获取或不同来源的遥感数据能够在统一的坐标系统中进行比较和分析。内方位元素校正则专注于调整传感器内部参数,如焦距、主点位置等,以确保影像的几何精确度。这一步骤通常由传感器制造商提供定标数据,用户只需按照说明进行设置即可。然而,在某些情况下,特别是对于老旧传感器或特殊成像条件,可能需要重新进行内方位元素校正,以保证影像的几何稳定性。

外方位元素校正则涉及传感器的位置和姿态信息,可通过地面控制点(Ground Control Points,GCPs)进行精确定位。GCPs 的选择至关重要,应尽量分布在影像的不同区域,且具有明显的特征,如道路交叉口、建筑物角点等。通过匹配影像中的特征点与 GCPs,可以构建几何变换模型,如仿射变换、多项式变换等,实现高精度的几何校正。对于大范围影像拼接,还需考虑相邻影像之间的重叠区域,确保无缝衔接。总之,内外方位元素校正相辅相成,共同确保遥感影像在空间维度上的准确性和一致性。例如,在长江中下游湿地监测项目中,通过精心选择和布设 GCPs,实现了大面积湿地影像的高精度几何校正,为后续分类和变化检测提供了可靠保障。

(二) 投影变换与坐标系统统一

投影变换是几何校正的核心内容之一,它决定了影像的空间表达形式。常见的投影类型包括 UTM(Universal Transverse Mercator)、Lambert Conformal Conic 等,每种投影都有其适用范围和特点。例如,UTM 投影适用于小面积区域,能够保持形状和距离的准确性;而 Lambert Conformal Conic 投影则适合较大范围的南北延伸区域,保持方向和比例尺的准确性。选择合适的投影类型对于湿地监测尤为重要,因为它直接影响后续的空间分析和地图制作。

坐标系统统一则是确保不同数据源之间兼容性的关键步骤。不同的遥感平台和地理信息系统(GIS)软件可能采用不同的坐标系统,如 WGS84、北京 54、西安80等。为了实现数据共享和集成,必须将所有数据转换到统一的坐标系统中。这通常通过坐标转换公式或专用工具完成,如ArcGIS中的"Project"工具,可以方便地进行坐标转换操作。还需注意坐标系统的精度差异,选择最适配的目标系统,以减少误差累积。总之,通过合理的投影变换和坐标系统统一,可以确保遥感数据在空间维度上的连贯性和一致性,为湿地监测提供坚实基础。在黄海、渤海沿岸湿地监测中,通过对多源遥感数据进行投影变换和坐标系统统一,成功构建了完整的湿地空间数据库,为生态评估和管理决策提供了科学依据。

(三)图像配准与多时相数据对齐

图像配准的过程涉及将不同时相或多源遥感影像精确地对齐至统一的空间框架内,以确保影像间像素的对应关系准确无误。此技术常用方法包括基于特征点匹配和基于变换函数的方法。例如,通过应用Harris角点检测算法来识别影像中的稳定特征点,随后利用RANSAC(随机抽样一致性)算法筛选出最优匹配对,从而实现高精度的影像配准。对于多光谱和高光谱影像,波段间相关性分析亦可被采用以提升配准的精确度。图像配准技术不仅能够解决由传感器姿态变化导致的影像错位问题,而且为后续的变化检测、分类等分析工作提供了坚实的基础。

多时相数据对齐则更加关注长时间序列影像的时间一致性。湿地生态系统具有动态变化的特点,不同时间段的影像可能存在较大的地物差异,如植被生长周期、水位变化等。为了准确捕捉这些变化,必须确保多时相数据在时间和空间上的同步性。一种常见做法是在每次获取新影像后,将其与历史影像进行配准,并建立长期稳定的地面观测站点,持续收集对照数据,发现并纠正潜在的时间漂移问题。定期开展交叉验证实验,可以用新旧数据相互验证,也是提高数据长期稳定性的有效措施。例如,在洞庭湖湿地长期监测项目中,通过严格的图像配准和多时相数据对齐,研究人员成功揭示了湿地面积缩减、植被退化等重要变化趋势,为生态保护提供了有力支持。

三、影像融合技术的选择与优化

(一)多分辨率融合与信息增强

影像融合技术旨在将来自不同传感器或同一传感器不同波段的影像数据整合

在一起，以获得更高分辨率、更丰富信息的合成影像。多分辨率融合是其中的一种常见方法，它通过将低分辨率影像的空间细节注入高分辨率影像中，从而提高整体分辨率。例如，PAN-Sharpening 技术利用全色（PAN）影像的高空间分辨率和多光谱影像的多波段信息，生成既保留颜色信息又具有高分辨率的合成影像。这种融合方式特别适用于湿地监测，因为湿地植被和水体的细微变化往往需要高分辨率影像才能清晰展示。

信息增强是另一种重要的融合策略，它侧重于提升影像中某些特定地物特征的表现力。例如，通过主成分分析（PCA）、独立成分分析（ICA）等数学变换，可以分离出影像中的主要成分，突出显示湿地中的水体边界、植被覆盖度等关键信息。基于小波变换的多尺度分解方法也被广泛应用于影像融合，它可以在不同尺度上分解影像，分别增强各个层次的地物特征。通过合理选择和组合这些融合技术，可以显著提高湿地遥感监测的效果，为科学研究和管理决策提供更加直观和详尽的信息支持。在内蒙古高原湿地监测中，通过多分辨率融合和信息增强，研究人员能够更加精确地识别湿地边界和植被类型，提升了监测工作的效率和准确性。

（二）光谱融合与多源数据集成

光谱融合是指将不同波长范围内的影像数据进行合并，以扩展遥感影像的光谱覆盖范围。例如，高光谱影像与多光谱影像的融合，可以通过插值法或回归分析，将高光谱影像的精细光谱信息传递给多光谱影像，从而增强其分类精度。这种方法特别适用于湿地植被健康状况评估，因为高光谱影像能够捕捉到植物叶片中叶绿素、水分和其他生化成分的变化。光谱融合还可以用于改善水体光谱特征的解析能力，帮助识别水质参数如悬浮颗粒、有机物质等。

多源数据集成则是指将来自不同类型传感器的数据，如光学影像、雷达影像等，进行融合处理，以充分利用各自的优势。例如，合成孔径雷达（SAR）影像不受云层和光照条件限制，适合于频繁遭受恶劣天气影响的湿地地区；而光学影像则提供了丰富的地物颜色和纹理信息，有助于湿地类型的精细分类。通过将 SAR 影像与光学影像进行融合，可以同时获得高分辨率的空间信息和稳定的全天候观测能力。近年来，随着机器学习算法的发展，如卷积神经网络（CNN），可以自动学习多源数据之间的关联模式，实现更加智能和高效的影像融合。在红树林湿地监测中，通过光谱融合和多源数据集成，研究人员能够更全面地了解湿地生态系统的动态变化，为保护工作提供了强有力的技术支撑。

（三）时空融合与长期变化监测

时空融合技术旨在结合多时相和多空间分辨率的数据，构建一个既包含时间序列又涵盖空间分布的完整湿地影像数据库。这种融合方式特别适用于长期变化监测，因为它可以揭示湿地生态系统随时间演变的趋势。例如，通过将多年份的 Landsat 影像与高分辨率商业卫星影像进行融合，可以生成一系列高分辨率的历史影像，用于分析湿地面积扩张或缩减、植被覆盖度变化等现象。时空融合还可以帮助识别突发性事件，如洪水泛滥、火灾突发等，及时预警并采取相应措施。

为了实现有效的时空融合，研究人员开发了多种算法和技术。例如，基于时间序列分析的方法，如卡尔曼滤波、隐马尔可夫模型等，可以预测未来变化情景，为湿地资源管理和可持续发展提供科学依据。结合深度学习算法，如长短时记忆网络（LSTM），可以从大量历史数据中学习到复杂的时空模式，提高预测精度。在东北平原湿地长期监测项目中，通过时空融合技术的应用，研究人员成功构建了一个包含过去几十年湿地变化历程的详细数据库，为政策制定者提供了宝贵的历史参考。总之，时空融合不仅是湿地遥感监测的重要手段，也为理解生态系统动态变化提供了新的视角。

第二节　湿地信息提取技术

一、监督分类与非监督分类的原理与步骤

（一）监督分类的基本概念与实现方法

监督分类是基于已知样本进行训练，然后将未知像素分配到最接近类别的过程。在湿地遥感监测中，常用的监督分类算法包括最大似然法（Maximum Likelihood Classification，MLC）、支持向量机（Support Vector Machine，SVM）和随机森林（Random Forest）。MLC 通过计算每个像素属于各类的概率，选择概率最高的类别作为分类结果；SVM 则寻找一个最优超平面，使得不同类别之间的间隔最大化；而随机森林利用多个决策树模型的集成学习，提高了分类精度和鲁

棒性。

为了实现监督分类，首先需要收集具有代表性的训练样本，这些样本应涵盖湿地中的主要地物类型，如水体、植被、裸地等。接下来，使用上述算法对训练样本进行建模，建立分类器。将分类器应用于整个研究区，生成分类图。例如，在鄱阳湖湿地监测项目中，研究人员通过实地调查获取了大量训练样本，并采用随机森林算法成功实现了高精度的湿地分类，为后续资源管理和保护提供了科学依据。监督分类还能够结合光谱库和先验知识，进一步提高分类效果。

（二）非监督分类的机制与应用场景

非监督分类不需要预先定义训练样本，而是通过聚类算法自动发现影像中的自然分组。常见的非监督分类方法包括 K-means 聚类、ISODATA（Iterative Self-Organizing Data Analysis Technique Algorithm）和模糊 C 均值聚类（Fuzzy C-Means Clustering，FCM）。K-means 聚类根据初始设定的簇数，迭代调整各簇中心位置，直至收敛；ISODATA 则在此基础上增加了动态调整簇数的功能；FCM 允许每个像素同时属于多个类别，以概率形式表示其归属程度。

非监督分类适用于那些缺乏足够训练数据或难以确定分类标准的情况。例如，在一些偏远地区的湿地监测中，由于交通不便和环境复杂，难以获得高质量的训练样本。此时，非监督分类可以作为一种有效的替代方案。通过分析影像内部的光谱特征差异，自动识别出不同的地物类别。然而，非监督分类的结果往往需要进一步验证和解释，以确保分类的准确性和合理性。在黑龙江扎龙国家级自然保护区的监测工作中，研究人员利用非监督分类初步划分了湿地类型，再结合实地考察进行了细致校正，取得了良好的应用效果。

（三）混合分类策略及其优化

混合分类策略结合了监督分类和非监督分类的优点，旨在提高分类精度和适应性。一种常见做法是先采用非监督分类进行初步聚类，然后利用少量代表性样本对聚类结果进行标注，最后应用监督分类算法完成最终分类。这种方法不仅减少了对训练样本的依赖，还能充分利用已有知识，提高分类效率。还可以引入多源数据融合技术，如将光学影像与雷达影像相结合，增强分类能力。

为了优化混合分类策略，研究人员开发了多种改进算法和技术。例如，基于遗传算法的参数优化方法,可以自动搜索最佳分类参数组合,提高分类性能;结合深度学习框架,如卷积神经网络(CNN),可以从海量影像中自动提取特征,实现更加智能的分类。在长江中下游湿地监测项目中,通过混合分类策略的应用,成功克服了训练样本不足的问题,实现了对大面积湿地类型的高效分类。该策略还在其他多个湿地监测案例中得到了广泛应用,证明了其有效性和灵活性。

二、面向对象分类方法的优势与应用

(一)面向对象分类的概念与发展历程

面向对象分类是一种基于影像分割和对象特征的分类方法,它不同于传统的基于像素的分类方式。该方法首先将影像划分为若干个同质区域(即对象),然后根据每个对象的光谱、纹理、形状等多维特征进行分类。相比传统方法,面向对象分类能够更好地捕捉地物的空间结构和上下文关系,提高了分类精度和稳定性。近年来,随着计算机视觉和图像处理技术的发展,面向对象分类逐渐成为遥感领域的研究热点。

影像分割是面向对象分类的核心步骤之一,常用的分割算法包括多尺度分割、层次分割等。多尺度分割通过调整分割参数,可以在不同尺度上提取地物特征,适应复杂的地形地貌;层次分割则从粗到细逐步细化,形成一个多级嵌套的对象体系。通过合理的分割策略,可以有效地减少噪声干扰,突出地物边界。例如,在黄河流域湿地监测中,研究人员采用多尺度分割技术,成功识别出了湿地中的微小变化,如河漫滩上的新生植被斑块,为湿地保护提供了重要信息。

(二)面向对象分类的特征选择与优化

面向对象分类的成功与否很大程度上取决于特征的选择和优化。常用的特征包括光谱特征、纹理特征、形状特征等。光谱特征反映了地物对不同波长电磁辐射的响应特性,是最基础也是最重要的特征之一;纹理特征描述了地物表面的粗糙度和平滑度,有助于区分相似光谱特性的地物;形状特征则关注对象的几何形态,如面积、周长、圆度等,对于识别特定的地物类型非常有用。通过综合运用这些特征,可以显著提高分类效果。

为了进一步优化特征选择,研究人员提出了多种方法和技术。例如,基于主成分分析（PCA）和独立成分分析（ICA）的降维技术，可以去除冗余特征，保留最具代表性的信息；结合机器学习算法，如随机森林和支持向量机，可以从大量候选特征中自动筛选出最优特征子集。在洞庭湖湿地监测项目中，通过精心设计的特征选择流程，研究人员不仅提高了分类精度，还大幅缩短了计算时间，为大规模湿地监测提供了技术支持。特征选择的优化还有助于提高分类模型的泛化能力和鲁棒性，增强了其在不同环境下的适用性。

（三）面向对象分类的实际应用案例

面向对象分类在湿地信息提取方面展现了广泛的应用前景。例如，在红树林湿地监测中，研究人员利用面向对象分类方法，成功识别出了不同种类的红树林植被，并对其健康状况进行了评估。通过多尺度分割和多特征融合，不仅准确区分了红树林与其他地物类型，还能详细刻画出红树林内部的结构特征，如林冠密度、株距等，这种精细分类为红树林生态系统的保护和管理提供了翔实的数据支持。

面向对象分类还在湿地水体质量监测中发挥了重要作用。通过对湖泊、河流等水体进行分割，提取出水面对象，再结合光谱和纹理特征，可以精确判断水质状况，如悬浮颗粒浓度、藻类暴发情况等。例如，在太湖流域湿地监测中，研究人员利用面向对象分类技术，及时发现了多次蓝藻暴发事件，为相关部门采取应急措施提供了预警信息。总之，面向对象分类凭借其独特的优势，在湿地信息提取领域展现出巨大的潜力和广阔的应用前景。

三、机器学习与深度学习算法在湿地信息提取中的应用

（一）机器学习算法的基本原理与应用实例

机器学习算法通过构建数学模型，从数据中自动学习规律并作出预测。在湿地信息提取中，常用的机器学习算法包括决策树、随机森林、支持向量机（SVM）等。决策树通过一系列规则节点逐步缩小分类范围，最终确定每个像素所属类别；随机森林则由多个决策树组成，通过投票机制决定分类结果，提高了分类的稳定性和准确性；SVM通过寻找最优超平面，使得不同类别之间的间隔最大化，特别适用于高维空间中的分类问题。

在实际应用中,机器学习算法已被广泛用于湿地分类和变化检测。例如,在内蒙古高原湿地监测项目中,研究人员采用了随机森林算法,成功实现了对湿地植被类型的高效分类。通过引入多源遥感数据,如光学影像、雷达影像等,进一步提升了分类精度。机器学习算法还被应用于湿地水体污染监测,通过分析水质参数与遥感影像之间的关系,建立了水质反演模型,为环境保护提供了科学依据。在云南滇池湿地监测中,研究人员利用 SVM 算法,结合 MODIS 影像,实现了对滇池水质变化的实时监测,为治理工作提供了有力支持。

(二)深度学习算法的特点与创新应用

深度学习是一类特殊的机器学习算法,它模仿人脑神经网络结构,具备强大的特征提取和模式识别能力。在湿地信息提取中,常用的深度学习模型包括卷积神经网络(CNN)、循环神经网络(RNN)及其变体长短时记忆网络(LSTM)。CNN 擅长处理二维结构化的数据,如遥感影像,能够自动学习影像中的局部特征,并通过池化层减少参数数量,提高计算效率;RNN 及其变体 LSTM 则适合处理序列数据,如时间序列影像,可以捕捉时间维度上的变化趋势,帮助预测未来情景。

近年来,深度学习算法在湿地信息提取中展现出了显著优势。例如,在黄河三角洲湿地监测中,研究人员利用 CNN 模型,实现了对湿地植被覆盖度的高精度估算。通过多尺度特征提取和注意力机制,不仅提高了分类精度,还增强了模型的泛化能力。深度学习还被应用于湿地生态系统模拟,通过构建复杂的神经网络模型,可以模拟湿地生态系统的动态变化过程,为政策制定者提供科学依据。在珠江口湿地监测中,研究人员采用 LSTM 模型,结合长时间序列遥感数据,成功预测了湿地面积的变化趋势,为生态保护规划提供了前瞻性指导。

(三)机器学习与深度学习的融合应用与挑战

随着技术的进步,越来越多的研究开始探索机器学习与深度学习的融合应用。例如,结合浅层机器学习算法(如随机森林)和深层神经网络(如 CNN),可以在保持较高分类精度的同时,减少模型训练所需的数据量和计算资源。这种融合方式不仅提高了模型的鲁棒性,还能充分发挥各自的优势,实现互补效应。还可以引入迁移学习技术,利用预训练模型的知识,快速适应新的任务需求,降低了模型开发成本。

然而,机器学习与深度学习在湿地信息提取中也面临诸多挑战。首先是数据质量问题,高质量的训练数据对于模型性能至关重要,但在实际应用中,往往存在数据不完整、标注不准确等问题;其次是模型解释性问题,深度学习模型通常被视为"黑箱",难以理解其决策过程,这对湿地管理和保护工作的透明度提出了挑战;最后是计算资源消耗问题,深度学习模型的训练和推理过程需要大量的计算资源,限制了其在某些场景下的应用。面对这些挑战,研究人员正在积极探索解决方案,如开发更高效的算法、引入可解释性 AI 技术等,以推动湿地信息提取技术的持续进步。

第三节 湿地变化检测技术

一、影像差分法的基本原理与步骤

(一)单波段影像差分的应用

影像差分法通过比较同一区域在不同时间点的遥感影像,识别出地物变化。对于单波段影像差分,最直接的方法是计算两个时相影像之间每个像素值的差异。这种方法简单易行,适用于快速发现显著变化,如洪水淹没范围或火灾烧毁区域。例如,在一次洪涝灾害监测中,研究人员使用了两次洪水前后获取的 Landsat 8 OLI 影像,通过计算水体指数 NDWI(Normalized Difference Water Index)的变化,成功识别出了新增的淹没区。这种单波段差分不仅提供了直观的视觉对比,还为应急响应和灾后评估提供了宝贵的信息。

然而,单波段影像差分也存在局限性,特别是在处理复杂变化时,单一波段难以全面反映地物特征。为此,研究人员开始探索多波段影像差分,以提高变化检测的精度。例如,在长江中下游湿地监测项目中,利用多光谱影像的不同波段组合,构建了多种植被指数,并进行差分分析。这种方法不仅能够捕捉到植被覆盖度的变化,还能揭示植被健康状况的动态演变,为湿地生态保护提供了更为详尽的数据支持。

(二) 多波段影像差分的优势

多波段影像差分通过综合多个波段的信息，可以更准确地描述地物特征及其变化。相比于单波段差分，多波段方法能够在更广泛的电磁波谱范围内提取信息，从而提高变化检测的可靠性和准确性。例如，在红树林湿地监测中，采用了包含可见光、近红外和短波红外在内的多波段影像，分别计算了归一化差异植被指数（NDVI）、归一化差异水体指数（NDWI）和土壤调整植被指数（SAVI），然后进行差分分析。这种方法不仅能区分红树林与其他地物类型，还能精确识别红树林内部的微小变化，如新生林斑块和枯死树木。

多波段影像差分还可以结合其他辅助数据，如地形高程模型（DEM），进一步增强变化检测的效果。例如，在黄河流域湿地监测中，将多波段影像差分结果与 DEM 相结合，实现了对湿地边界、水位变化等关键要素的精细刻画。通过这种方式，不仅可以提高变化检测的精度，还能更好地理解湿地生态系统内部结构及其随时间的变化规律。总之，多波段影像差分方法为湿地变化检测提供了更加丰富和详细的信息，有助于深入研究湿地生态系统的动态演变。

(三) 差分影像的阈值分割与分类

为了从差分影像中提取有用信息，通常需要进行阈值分割或分类处理。阈值分割是根据设定的阈值，将差分影像中的像素划分为变化和未变化两类。这种方法简单有效，但在实际应用中，选择合适的阈值至关重要。过低的阈值可能导致误报，而过高的阈值则可能遗漏真实变化。例如，在洞庭湖湿地监测项目中，研究人员通过多次实验，最终确定了一组最优阈值，成功分离出了湿地面积缩减和植被退化的区域。

分类处理则是利用机器学习算法对差分影像进行更复杂的分析。例如，随机森林和支持向量机（SVM）等算法可以自动学习差分影像中的特征模式，实现对不同类型变化的精准分类。在珠江三角洲湿地监测中，研究人员采用随机森林算法对差分影像进行了分类，不仅区分了水体扩张、植被覆盖度增加等多种变化类型，还评估了各类型变化的空间分布和时间演变趋势。通过合理的阈值分割与分类处理，差分影像能够提供更加清晰和具体的变化信息，为湿地管理和保护工作提供了有力支持。

二、时间序列分析在湿地变化检测中的应用

（一）长时间序列影像的构建与管理

时间序列分析通过整合多个不同时期的遥感影像，构建一个连续的时间序列，从而揭示湿地生态系统随时间的变化规律。构建长时间序列影像数据库是实现这一目标的基础。例如，在鄱阳湖湿地长期监测项目中，研究人员收集了自1980年以来的大量Landsat系列影像，经过严格的几何校正、辐射校正和大气校正，确保了影像之间的可比性。通过这些高质量的影像数据，得以全面了解鄱阳湖湿地在过去几十年间的变化历程，包括湿地面积缩减、植被覆盖度变化等重要现象。

为了高效管理和利用这些长时间序列影像，开发了专门的数据库管理系统，该系统不仅具备存储和检索功能，还能进行影像预处理和质量控制。例如，针对黄渤海沿岸湿地监测，建立了基于云平台的影像数据库，实现了影像的自动化下载、预处理和更新。该系统还支持用户自定义查询和可视化展示，方便科研人员快速获取所需数据。通过构建和管理长时间序列影像数据库，可以为湿地变化检测提供坚实的数据基础，也为后续的时空分析和建模创造了条件。

（二）时间序列分析的技术与方法

时间序列分析的核心在于如何有效地挖掘影像数据中的时间和空间信息。常用的技术和方法包括卡尔曼滤波（Kalman filtering）、隐马尔可夫模型（HMM）、长短时记忆网络（LSTM）等。卡尔曼滤波是一种递推算法，可以预测未来变化情景，尤其适合处理具有周期性变化的地物类型。例如，在太湖流域湿地监测中，利用卡尔曼滤波模型，成功预测了水体面积的季节性波动，为水资源管理提供了前瞻性指导。

隐马尔可夫模型则擅长处理不确定性和噪声干扰，特别适用于那些变化过程复杂且难以用传统统计方法描述的情况。例如，在云南滇池湿地监测中，通过隐马尔可夫模型（HMM），揭示了水质参数如叶绿素a浓度的动态变化规律，为污染治理提供了科学依据。近年来，随着深度学习的发展，长短时记忆网络（LSTM）作为一种特殊的循环神经网络，因其强大的时间序列建模能力，逐渐成

为湿地变化检测的新宠。例如，在东北平原湿地监测中，研究人员采用 LSTM 模型，结合多年份 MODIS 影像，成功预测了湿地面积的长期变化趋势，为生态保护规划提供了有力支持。

（三）时间序列分析的实际案例与效果

时间序列分析在湿地变化检测中展现了广泛的应用前景。例如，在青海湖湿地监测中，利用长时间序列 Landsat 影像，结合时间序列分析技术，成功揭示了湿地面积缩减的原因，主要归结于气候变化和人类活动的影响。对比不同时间段的影像数据表明，湿地周边的农业开垦和城市扩展是导致湿地萎缩的重要因素。这一研究成果为当地政府制定湿地保护政策提供了重要参考。

时间序列分析还在湿地生态系统恢复评估中发挥了重要作用。例如，在杭州西溪国家湿地公园监测项目中，利用时间序列影像数据，跟踪记录了湿地修复工程实施前后的变化情况。结果显示，经过多年的生态修复，湿地植被覆盖率显著提高，生物多样性得到了有效恢复。通过时间序列分析，不仅可以量化湿地生态系统的恢复程度，还能评估各项保护措施的效果，为类似项目的推广提供了宝贵经验。总之，时间序列分析为湿地变化检测提供了新的视角和技术手段，有助于深入理解湿地生态系统的动态演变。

三、变化向量分析与深度学习变化检测模型的比较

（一）变化向量分析的原理与优势

变化向量分析（Change Vector Analysis，CVA）是一种基于多光谱影像的分类方法，它通过计算不同时间点影像中每个像素在多维光谱空间中的变化向量，来识别地物变化。CVA 的主要优势在于其能够保留原始影像的多维信息，避免了因降维带来的信息丢失。例如，在黑龙江扎龙国家级自然保护区监测中，利用 CVA 方法，成功识别出了湿地植被类型的细微变化，如芦苇群落向草本植物群落的转变。这种方法不仅提高了分类精度，还能更好地反映湿地生态系统的内部结构变化。

CVA 还具备良好的鲁棒性和适应性。由于其直接基于光谱特征进行分析，因此对不同传感器获取的数据具有较高的兼容性。例如，在内蒙古高原湿地监测

项目中，将来自不同卫星平台的影像数据统一纳入CVA框架，实现了跨平台的数据融合。通过这种方式，不仅扩大了可用数据的范围，还能充分利用各平台的优势，提高变化检测的整体效果。总之，变化向量分析凭借其独特的原理和优势，在湿地变化检测中展现了广阔的应用前景。

（二）深度学习变化检测模型的特点与应用

深度学习变化检测模型，如卷积神经网络（CNN）及其变体U-Net，近年来在湿地变化检测中取得了显著进展。这些模型通过多层次的卷积层和池化层，自动学习影像中的局部特征，并通过解码器部分逐步恢复空间分辨率，实现对变化区域的精确定位。例如，在长江中下游湿地监测项目中，采用U-Net模型，结合多源遥感数据，成功实现了对湿地植被覆盖度变化的高精度估算。通过引入注意力机制，该模型不仅提高了分类精度，还增强了对复杂变化的适应能力。

深度学习模型的一个重要特点是其能够处理大规模影像数据，并从中自动提取特征。例如，在珠江口湿地监测工作中，利用CNN模型，结合长时间序列影像，成功预测了湿地面积的变化趋势。通过迁移学习技术，该模型能够快速适应新的任务需求，降低了模型开发成本。深度学习模型还具备较强的泛化能力，可以在不同环境条件下保持较高性能。例如，在红树林湿地监测中，研究人员采用预训练的CNN模型，结合少量本地样本，实现了对红树林健康状况的有效评估。总之，深度学习变化检测模型以其独特的优势，在湿地变化检测领域展现出巨大的潜力。

（三）两种方法的比较与互补应用

变化向量分析与深度学习变化检测模型各有特点，适用于不同的应用场景。CVA方法侧重于保留原始影像的多维信息，适合处理具有复杂光谱特征的地物变化；而深度学习模型则更擅长从海量影像数据中自动提取特征，适用于大规模、复杂背景下的变化检测。例如，在黄河流域湿地监测中，研究人员结合CVA和CNN模型，实现了对湿地植被覆盖度变化的高精度检测。通过CVA初步筛选出变化区域，再利用CNN进行精细分类，不仅提高了效率，还确保了分类的准确性。

两种方法还可以相互补充，共同提升变化检测的效果。例如，在洞庭湖湿地监测项目中，研究人员将 CVA 结果作为深度学习模型的输入特征之一，通过融合多源信息，实现了对湿地水体变化的精准识别。这种方法不仅充分利用了 CVA 的多维信息保留特性，还发挥了深度学习模型的强大特征提取能力，为湿地变化检测提供了更加全面和准确的数据支持。总之，变化向量分析与深度学习变化检测模型的结合应用，为湿地变化检测提供了新的思路和技术手段，有助于深入研究湿地生态系统的动态演变。

第四节 湿地分类与制图技术

一、湿地分类系统的构建与标准

（一）基于生态功能的分类框架

湿地分类系统的构建是实现精准湿地管理和保护的基础。为了更好地反映湿地的生态功能，基于生态功能的分类框架得到应用。例如，在中国东北地区，根据湿地在水文调节、生物多样性维护和碳储存等方面的功能，将湿地划分为不同类型。这种分类方法不仅有助于识别湿地生态系统的核心服务功能，还能为制定针对性的保护措施提供科学依据。通过结合实地调查和遥感影像分析，能够详细描述每种类型湿地的具体特征，并建立相应的数据库，支持后续的监测和评估工作。

基于生态功能的分类还促进了跨区域湿地管理的一致性和协调性。例如，在三江平原湿地保护项目中，不同行政区划之间的湿地分类标准得到了统一，确保了政策实施的连贯性和有效性。这种方法使得各地方政府能够在相同的框架下开展湿地保护工作，避免了因分类差异导致的管理混乱。同时，也为公众参与湿地保护提供了清晰的指引，增强了社会对湿地生态功能的认识和支持。

（二）国际湿地分类体系的应用与调整

国际湿地分类体系如《拉姆萨尔公约》湿地分类系统在全球范围内具有广泛影响力。在中国湿地监测工作中，该体系被广泛应用并根据本地实际情况进行了适当调整。例如，在青海湖流域湿地监测项目中，参考《拉姆萨尔公约》分类系统，结合当地特有的高原湖泊环境，增加了针对高寒湿地类型的分类细则。

这种方法不仅提高了分类的准确性和适用性，还促进了国内外湿地研究和管理经验的交流与共享。

国际湿地分类体系的应用还推动了湿地数据的标准化和互操作性。例如，在中国湿地资源调查中，各地采用了统一的分类标准和技术规范，实现了全国范围内的数据整合和共享。这不仅为国家层面的湿地管理和决策提供了坚实的数据基础，也为全球湿地保护合作搭建了平台。通过积极参与国际湿地分类体系的建设和发展，中国在湿地保护领域发挥了积极的作用，贡献出宝贵的经验和技术。

（三）地方特色湿地分类系统的建立

地方特色湿地分类系统的建立充分考虑了地域特点和实际需求。例如，在福建沿海湿地保护项目中，根据当地的红树林分布情况，建立了专门针对红树林湿地的分类系统。该系统详细划分了红树林的不同群落类型及其生态环境特征，为红树林的精细化管理和保护提供了有力支持。通过结合多源遥感数据和实地调查，能够实时监测红树林的变化动态，及时采取保护措施，保障其生态健康。

地方特色湿地分类系统的建立还促进了社区参与和生态保护意识的提升。例如，在广东珠江口湿地保护项目中，当地政府联合科研机构和社会组织，共同制定了适合本地的湿地分类指南。通过举办培训班和宣传活动，向当地居民普及湿地分类知识，鼓励他们参与到湿地保护工作中来。这种方法不仅增强了公众对湿地保护的责任感，还促进了社会各界的合作与互动，形成了良好的生态保护氛围。

二、湿地制图的方法与流程

（一）多源遥感数据的集成与处理

湿地制图过程中，多源遥感数据的集成与处理是关键步骤之一。例如，在洞庭湖湿地监测项目中，综合运用了 Landsat 系列卫星影像、无人机航拍影像以及合成孔径雷达（SAR）数据，构建了一个多层次、多时相的湿地空间数据库。通过对这些数据进行辐射校正、几何校正和大气校正等预处理操作，确保了数据的质量和一致性。在此基础上，利用地理信息系统（GIS）软件进行影像叠加和融合，生成了高分辨率的湿地综合地图。

多源遥感数据的集成还为湿地变化检测提供了丰富的信息支持。例如，在长江中下游湿地监测项目中，利用长时间序列的 MODIS 影像和高分辨率商业卫星影像，实现了对湿地面积扩张或缩减、植被覆盖度变化等现象的动态监测。通过结合机器学习算法，如随机森林和支持向量机（SVM），从海量影像数据中自动提取变化信息，提高了变化检测的精度和效率。这种方法不仅能够快速捕捉湿地变化趋势，还能为湿地管理和保护提供及时预警和决策支持。

（二）面向对象分类与光谱混合分解技术

面向对象分类和光谱混合分解技术在湿地制图中展现了显著优势。例如，在云南滇池湿地监测项目中，采用面向对象分类方法，通过多尺度分割将影像划分为若干个同质区域（即对象），然后根据每个研究对象的光谱、纹理、形状等多维特征进行分类。这种方法不仅提高了分类精度，还能更好地捕捉湿地内部结构特征，如河漫滩上的新生植被斑块。通过合理设置分割参数，可以有效地减少噪声干扰，突出地物边界，增强分类效果。

光谱混合分解技术则用于解决复杂地物类型的精确识别问题。例如，在黄河流域湿地监测中，利用线性光谱解混模型，结合实验室获取的纯端元光谱库，实现了对湿地内多种植被类型的精细分类。这种方法不仅能区分相似光谱特性的地物，还能定量估算各种成分的比例，如水体中的悬浮颗粒浓度、藻类暴发情况等。通过引入深度学习算法，如卷积神经网络（CNN），可以通过大量候选特征中自动筛选出最优特征子集，进一步提高分类性能。总之，面向对象分类与光谱混合分解技术相结合，为湿地制图提供更加丰富和详细的信息支持。

（三）时空动态制图与可视化展示

时空动态制图与可视化展示是湿地制图的重要组成部分。例如，在太湖流域湿地监测项目中，通过构建时间序列影像数据库，结合地理信息系统（GIS）和三维建模技术，生成了动态变化的湿地地图。用户可以通过交互式界面浏览不同时期的湿地分布情况，直观了解湿地面积缩减、植被退化等重要变化。还可以通过动画演示、虚拟现实（VR）等方式，增强用户体验，使湿地变化过程更加生动形象。

时空动态制图还有助于揭示湿地生态系统内部结构及其随时间的变化规律。

例如,在内蒙古高原湿地监测项目中,利用长时间序列影像数据,结合统计分析和机器学习算法,建立了湿地生态系统模拟模型。通过预测未来变化情景,为湿地保护规划提供了前瞻性指导。时空动态制图与可视化展示不仅提升了湿地制图的效果,还为科学研究和管理决策提供了直观有效的工具,促进了湿地保护工作的深入开展。

三、湿地制图结果的验证与评估

(一) 地面实测数据的收集与比对

湿地制图结果的验证与评估依赖于高质量的地面实测数据。例如,在黑龙江扎龙国家级自然保护区监测项目中,设立了多个固定样方,定期采集土壤、水样和植被样本,分析其理化性质和污染物含量。通过将遥感影像分类结果与地面实测数据进行比对,可以发现并纠正潜在的分类错误。这种方法不仅提高了分类精度,还能验证遥感数据的真实性和可靠性。例如,在一次湿地植被覆盖度估算中,通过对比遥感影像与地面实测数据,发现了某些区域的植被覆盖度被低估的问题,经过调整后,最终获得了更为准确的结果。

地面实测数据的收集还为湿地制图提供了重要的补充信息。例如,在浙江杭州西溪国家湿地公园监测项目中,结合实地调查和无人机航拍,获取了详细的地形地貌和植被分布信息,为湿地制图提供了宝贵的参考资料。通过综合应用遥感技术和地面实测数据,可以更全面地了解湿地生态系统的特点,为制定科学合理的保护措施提供依据。总之,地面实测数据的收集与比对是确保湿地制图结果准确性和可靠性的关键环节。

(二) 专家评审与公众参与

专家评审与公众参与在湿地制图结果的验证与评估中扮演着重要角色。例如,在江苏盐城滨海湿地保护项目中,邀请了来自不同领域的专家组成评审小组,对湿地制图结果进行全面审查。专家们根据自身的专业知识和经验,提出了多项改进建议,如优化分类标准、增加特定地物类型的识别等。在吸收专家意见的基础上,研究人员不断完善湿地制图方法和技术,提高了制图结果的科学性和合理性。

公众参与则是湿地制图结果验证与评估的另一重要方面。例如，在上海崇明东滩湿地保护项目中，当地政府组织了多次公众开放日活动，邀请市民参观湿地制图成果展示，并收集他们的反馈意见。通过这种方式，不仅可以增强公众对湿地保护的认识和支持，还能发现一些专业人员可能忽视的问题。如有市民指出某些区域的实际用途与遥感影像分类结果不符，经过核实后，研究人员及时进行了修正。

（三）长期监测与反馈机制的建立

长期监测与反馈机制的建立是确保湿地制图结果持续改进的有效途径。例如，在海南东寨港国家级自然保护区监测项目中，建立了长期稳定的地面观测站点，持续收集对照数据，用于验证和更新湿地制图结果。通过定期开展交叉验证实验，即用新旧数据相互验证，可以发现并纠正潜在的时间漂移问题，提高数据的长期稳定性。这种方法不仅确保了湿地制图结果的准确性，还能为湿地资源管理和可持续发展提供科学依据。

建立长期监测与反馈机制还可以促进湿地制图技术的不断创新和完善。例如，在广西北海银滩湿地监测项目中，结合最新研究成果和技术手段，不断优化湿地制图方法。通过引入新的传感器和算法，如激光雷达（LiDAR）和深度学习，可以更精确地捕捉湿地内部结构和微小变化。长期监测与反馈机制不仅为湿地制图提供了坚实的数据支持，还推动了相关技术的发展和应用，为湿地保护工作注入了新的活力。

第五章 湿地遥感监测的指标体系

第一节 湿地遥感监测的指标选择

一、湿地面积与分布的监测指标

(一) 基于多源影像的时间序列分析

湿地面积与分布的监测是了解湿地生态系统健康状况的基础。例如，在中国东北松嫩平原湿地监测项目中，研究人员综合运用了 Landsat 系列卫星影像和高分辨率商业卫星影像，构建了一个多层次、多时相的湿地空间数据库。通过对这些数据进行时间序列分析，可以精确捕捉湿地面积的变化趋势。并将不同时期的影像进行对比，不仅能够识别出湿地的扩张或缩减区域，还能揭示其变化的原因，如气候变化、人类活动等。这种方法为湿地保护提供了科学依据，同时也为政策制定者提供了直观的数据支持。

多源影像的时间序列分析还帮助研究人员发现了湿地内部结构的变化。例如，在一次为期十年的监测中，科学家们利用长时间序列的 MODIS 影像，结合无人机航拍影像，详细记录了湿地内河流改道、湖泊萎缩等现象。通过这种方式，不仅可以提高对湿地动态变化的理解，还能为生态修复工程提供参考信息。在具体应用中，研究人员发现某些湿地边缘地区农业开垦导致湿地面积显著减少，这为当地政府调整土地利用规划提供了重要参考。

(二) 地理信息系统 (GIS) 的空间分析功能

地理信息系统（GIS）为空间数据分析提供了强大的工具。例如，在福建闽江口湿地监测项目中，研究人员利用 GIS 软件，对湿地边界进行了精确划定，并建立了详细的湿地分布图。通过叠加不同类型的地理信息层，如地形、土壤类型、土地利用等，可以全面评估湿地环境特征及其变化。这种方法不仅提高了湿地分类的准确性，还能更好地理解湿地与其他自然要素之间的关系。例如，在一次湿地恢复项目的规划中，通过 GIS 分析确定了最适合植被恢复的区域，确保了资源的有效利用。

地理信息系统（GIS）的空间分析功能极大地提升了跨区域湿地管理的一致性与协调性。以长江三角洲湿地联合监测项目为例，该项目实现了不同行政区域间湿地分类标准的统一，确保了政策执行的连贯性与有效性。此方法使得各地方政府能够在同一框架内进行湿地保护工作，有效避免了因分类标准不一致而引起的管理混乱。它也为公众参与湿地保护提供了明确的指导，从而增强了社会公众对湿地保护的责任感与支持。

（三）实地调查与遥感数据的融合验证

在湿地保护与管理的精细实践中，地面实测与遥感技术的综合校验是确保湿地资源监测数据精确无误的重要策略。以江苏盐城滨海湿地保护项目为例，科研人员精心布局了一系列实地观测站点，定期在这些站点内采集湿地土壤、水质及植被样本，深入分析其生态特征与污染状况。这一地面实测数据与通过卫星及无人机获取的遥感影像数据进行交叉验证，为湿地资源的精确分类与空间分布提供了双重保障。

具体操作中，发现遥感影像的初步分类结果在某些复杂地形或植被密集区域可能存在误差。通过实地观测数据的比对，这些误差被一一识别并修正，显著提升了湿地分类的准确性。例如，在一次湿地生态系统健康评估中，遥感数据初步显示某区域植被覆盖良好，但地面实测却发现该区域土壤盐碱化严重，植被生长受限。经过综合校验，对遥感数据进行了相应调整，确保了评估结果的准确性。

地面实测还为湿地空间制图提供了不可或缺的地面真相信息。在盐城滨海湿地项目中，利用地面实测数据结合高精度遥感影像，成功绘制出湿地生态系统的精细地图。这张地图不仅展示了湿地的地形地貌、水文特征，还详细描绘了植被类型与分布，为湿地保护规划的制定提供了科学依据。

地面实测与遥感技术的综合校验在湿地资源监测中发挥着至关重要的作用，它确保了监测数据的精确性，为湿地保护与管理提供了有力的技术支持。这一策略有利于更深入地理解湿地生态系统的复杂性与动态性，为制定科学合理的保护策略奠定坚实基础。

二、湿地植被覆盖度的评估方法

（一）多光谱影像与植被指数的应用

多光谱影像结合植被指数是评估湿地植被覆盖度的重要手段。例如，在云南滇池湿地监测项目中，利用 Landsat 8 OLI 影像计算了归一化差异植被指数（NDVI）、增强型植被指数（EVI）和土壤调整植被指数（SAVI）。这些植被指数不仅能够区分植被与其他地物类型，还能反映植被生长状态的变化。通过长期监测植被指数的变化，可以及时掌握湿地植被的健康状况和发展趋势。例如，在一次洪水事件后，通过比较洪水前后植被指数的变化，发现部分区域的植被受到严重破坏，需要采取紧急修复措施。

多光谱影像还可以用于识别特定类型的湿地植被。例如，在青海湖流域湿地监测项目中，结合多光谱影像和高分辨率无人机影像，成功识别出了芦苇群落向草本植物群落的转变。这种方法不仅提高了监测的分类精度，还能更好地反映湿地生态系统的内部结构变化。通过引入机器学习算法，如随机森林和支持向量机（SVM），从大量候选特征中自动筛选出最优特征子集，进一步提高分类性能。总之，多光谱影像与植被指数的应用为湿地植被覆盖度评估提供了更加丰富和详细的信息支持。

（二）面向对象分类与光谱混合分解技术

在湿地植被覆盖度的评估领域，面向对象分析和光谱混合分解技术已经证明了其卓越的性能。以辽河口湿地为例，采用面向对象分析方法，通过多尺度分割技术将遥感影像分割成多个同质对象，并基于这些对象的光谱、纹理和形状等特征进行精细分类。这种方法不仅提升了分类的准确性，而且有助于更准确地描绘湿地内部的复杂结构，比如新生植被的分布情况。通过优化分割参数，研究成功降低了噪声影响，明确了地物边界，从而提升了分类质量。

另外，光谱混合分解技术在识别复杂地物类型方面发挥了关键作用。在长江中下游湿地的研究中，运用了线性光谱解混模型，并结合预先建立的纯端元光谱库，对湿地中的多种植被类型进行了精确的分类。这种方法不仅能够区分具有相似光谱特征的地物，还能对各种植被成分的比例进行定量分析，例如，可以估算湿地中不同植被类型的面积比例。结合深度学习技术，如卷积神经网络（CNN），研究者能够从众多特征中自动选择出最佳特征组合，从而进一步提升分类的准确性。综合来看，面向对象分析与光谱混合分解技术的结合，为湿地植被覆盖度的评估提供了更为全面和精确的信息基础。

（三）时空动态监测与变化检测

时空动态监测与变化检测对于评估湿地植被覆盖度来说，是极为关键的技术手段。在海南东寨港国家级自然保护区的监测项目中，通过建立时间序列的遥感影像数据库，并利用地理信息系统（GIS）以及三维建模技术，成功绘制了湿地植被覆盖的动态变化图。用户可通过交互式界面，轻松浏览不同时间点的植被覆盖状况，直观地掌握植被的演变历程。通过动画展示和虚拟现实（VR）技术，进一步提升了用户的互动体验，使得湿地变化的过程变得更加生动和直观。

同时，时空动态监测技术也助力于揭示湿地植被覆盖度随时间演变的规律。在内蒙古高原湿地监测项目中，运用长时序的影像数据，结合统计分析方法和机器学习算法，构建了湿地植被覆盖度的预测模型。这一模型不仅能够模拟植被覆盖的未来变化趋势，还为湿地的保护规划提供了科学的预测依据。时空动态监测与变化检测技术的应用，不仅显著提升了湿地植被覆盖度评估的精确性，而且为科研工作和管理决策提供了直观且有效的工具，推动了湿地保护工作的深入实施。

三、湿地水文参数的遥感监测指标

（一）水体面积与水位变化的监测

湿地水文参数的遥感监测对于理解湿地生态系统至关重要。例如，在江苏盐城滨海湿地保护项目中，利用合成孔径雷达（SAR）影像，结合光学影像，实现了对湿地水体面积和水位变化的精准监测。SAR 影像不受云层和光照条件限制，适合频繁遭受恶劣天气影响的湿地地区。通过分析 SAR 影像的回波强度，可以提取出水体边界，并计算水体面积。而光学影像则提供了丰富的地物颜色和纹理信息，有助于水位变化的精细解析。例如，在一次洪涝灾害监测中，研究人员通过对比洪水前后 SAR 影像和光学影像，成功识别出了新增的淹没区，并为应急响应提供了宝贵的信息。

水体面积与水位变化的监测还帮助研究人员揭示了湿地水文循环的关键机制。例如，在鄱阳湖湿地监测项目中，利用长时间序列的 Landsat 影像和无人机航拍影像，详细记录了湖泊水位季节性波动的情况。通过建立水文模型，可以预测未来水位变化趋势，为水资源管理和生态保护提供科学依据。这种方法不仅提高了对湿地水文动态变化的理解，还能为应对极端气候事件提供预警信息，保障湿地生态系统的稳定性和可持续性。

（二）水质参数的遥感反演技术

水质参数的遥感反演技术为湿地水文监测提供了新的视角。例如，在太湖流域湿地监测项目中，利用多光谱影像和高光谱影像，结合地面实测数据，实现了对水质参数如叶绿素 a 浓度、悬浮颗粒物浓度和透明度的反演。通过构建回归模型和神经网络模型，可以快速估算大面积水域的水质状况。这种方法不仅提高了监测效率，还能为水质污染治理提供及时预警。例如，在一次蓝藻暴发事件监测中，通过实时更新水质参数反演结果，及时发现了水质恶化的迹象，为相关部门采取应急措施提供了有力支持。

水质参数的遥感反演技术还促进了跨区域水质监测的一致性和协调性。例如，在长江中下游湿地监测项目中，不同行政区划之间的水质监测标准得到了统一，确保了政策实施的连贯性和有效性。这种方法使得各地方政府能够在相同的框架下开展水质监测工作，避免了因标准差异导致的管理混乱。同时，也为公众参与水质保护提供了清晰的指引，增强了社会对水质保护的责任感和支持力度。总之，水质参数的遥感反演技术为湿地水文监测提供了新的思路和技术手段，有助于深入研究湿地生态系统的动态演变。

（三）水量平衡与蒸发蒸腾量的估算

水量平衡与蒸发蒸腾量的估算是湿地水文监测的重要内容。例如，在新疆博斯腾湖湿地监测项目中，利用长时间序列的 MODIS 影像和气象数据，结合水量平衡模型，实现了对湿地水量变化的精准估算。通过分析降水量、径流量和地下水补给量等输入项，以及蒸发蒸腾量等输出项，可以全面评估湿地水量平衡状况。这种方法不仅提高了对湿地水量变化的理解，还能为水资源管理和生态保护提供科学依据。例如，在一次干旱事件监测中，研究人员通过对比正常年份和干旱年份的水量平衡结果，发现干旱期间湿地水量显著减少，需要采取节水措施。

对蒸发蒸腾量的估算有助于研究者揭示湿地生态系统内部水分循环的关键机制。例如，在黑龙江扎龙国家级自然保护区的监测项目中，利用长时间序列的Landsat影像和无人机航拍影像，结合能量平衡模型，详细记录了湿地内植被蒸腾和土壤蒸发的情况。通过建立蒸发蒸腾量模拟模型，可以预测未来变化情景，为湿地保护规划提供了前瞻性指导。水量平衡与蒸发蒸腾量的估算不仅提升了湿地水文监测的效果，还为科学研究和管理决策提供了直观有效的工具，促进了湿地保护工作的深入开展。

第二节 湿地遥感监测的指标体系构建

一、指标体系框架的设计原则

（一）科学性与实用性相结合

湿地遥感监测指标体系的设计必须兼顾科学性和实用性。例如，浙江千岛湖湿地保护项目，在设计指标体系时，充分考虑了湿地生态系统的复杂性和多样性，确保每个指标都能准确反映湿地的关键特征和动态变化。同时，为了便于实际操作和应用，指标的选择也注重了数据获取的可行性和处理方法的简便性。通过结合多源遥感数据和实地调查结果，科学家们建立了涵盖湿地面积、植被覆盖度、水质参数等多个方面的综合评价体系。这种方法不仅提高了监测结果的科学性，还为地方政府制定湿地保护政策提供了直观的数据支持。

科学性与实用性的结合还体现在对新技术的应用上。例如，海南东寨港国家级自然保护区监测项目，引入了无人机航拍技术和激光雷达（LiDAR），用于高精度地形测量和植被结构分析。这些新技术的应用不仅丰富了指标体系的内容，还提升了监测工作的效率和准确性。通过将遥感技术与传统手段有机结合，能够更全面地了解湿地生态系统的特点，为生态保护提供更为详尽的信息支持。

（二）动态适应与长期稳定相协调

湿地环境具有高度动态性和不确定性，因此指标体系框架需要具备动态适应能力。例如，在长江中下游湿地监测项目中，根据不同时期的影像数据，定期更新湿地分类标准和技术规范，确保指标体系能够及时反映湿地的变化趋势。通过建立时间序列影像数据库，可以持续跟踪湿地面积缩减、植被退化等现象，为长期保护规划提供科学依据。这种方法不仅增强了指标体系的灵活性，还能更好地应对气候变化和人类活动带来的影响。

同时，为了保证指标体系的长期稳定性，还制定了严格的质量控制措施。例如，在江苏盐城滨海湿地保护项目中，设立了多个固定样方，定期采集土壤、水样和植被样本，进行理化性质分析。通过将遥感影像分类结果与地面实测数据做比对，可以发现并纠正潜在的分类错误，确保监测结果的真实性和可靠性。这种动态适应与长期稳定的协调机制，为湿地保护工作提供了坚实的技术保障。

（三）多尺度与多层次融合

湿地生态系统内部结构复杂，不同尺度下的特征差异显著，因此指标体系框架应实现多尺度与多层次的融合。例如，在云南滇池湿地监测项目中，从宏观、中观和微观三个层次出发，分别设计了针对湖泊整体状况、河漫滩区域和特定植物群落的监测指标。通过结合多源遥感数据和实地调查结果，可以全面评估湿地生态系统的健康状况和发展趋势。这种方法不仅提高了监测结果的全面性，还为科学研究和管理决策提供了丰富的信息支持。

多尺度与多层次融合还促进了跨学科研究的合作与交流。例如，在黑龙江扎龙国家级自然保护区监测项目中，联合生态学、地理信息系统（GIS）、遥感技术和水利工程等多个领域的专家，共同探讨湿地保护的新思路和新方法。通过整合各方资源和技术优势，实现了对湿地生态系统的全方位监测和综合评估。总之，多尺度与多层次融合为湿地遥感监测指标体系的设计提供了新的视角和技术手段，有助于深入理解湿地生态系统的动态演变。

二、指标权重确定的方法与步骤

（一）基于层次分析法（AHP）的权重计算

层次分析法（AHP）是一种广泛应用的多准则决策分析方法，在湿地遥感监测指标权重确定中展现了显著优势。例如，在福建闽江口湿地保护项目中，利用

AHP建立了包含湿地面积、植被覆盖度、水质参数等多个指标的评价模型。通过构建判断矩阵，邀请相关领域的专家进行两两比较打分，最终计算出各指标的相对重要性权重。这种方法不仅提高了权重确定的科学性和合理性，还能充分吸收专家意见，增强结果的权威性。

AHP还帮助研究人员揭示了不同指标之间的内在关系。例如，在一次湿地恢复项目的评估中，通过AHP分析发现，湿地植被覆盖度对水质改善具有重要作用，而水质参数又反过来影响植被生长状态。通过建立这种因果关系链，可以更加精准地把握湿地生态系统的运行机制，为制定科学合理的保护措施提供依据。总之，基于AHP的权重计算方法为湿地遥感监测指标体系的构建提供了有效工具，促进了湿地保护工作的深入开展。

（二）基于德尔菲法（Delphi Method）的专家咨询

德尔菲法是一种通过匿名问卷调查和反复迭代的方式，收集专家意见的决策方法。例如，在广东珠江口湿地保护项目中，组织了多次专家咨询会，邀请来自不同领域的专家参与讨论，并通过电子邮件和在线平台提交意见。每次咨询后，研究人员都会整理汇总反馈信息，形成新的问题清单，再发送给专家进行下一轮咨询。经过几轮迭代，最终达成了关于湿地遥感监测指标权重的一致意见。这种方法不仅提高了权重确定的透明度和公信力，还能充分调动各方的积极性和创造力。

德尔菲法亦显著推动了跨部门协作与公众参与。以上海崇明东滩湿地保护项目为例，地方政府携手科研机构及社会组织，共同拟定了一系列适应本地实际的湿地保护策略。通过开展系列培训班与宣传活动，向当地居民普及湿地保护知识，激发了他们参与湿地保护工作的热情。此方法不仅提升了公众的责任感与支持度，还促进了社会各界的协同与互动，营造了积极向上的生态保护氛围。依托德尔菲法的专家咨询机制为湿地遥感监测指标权重的确定开辟了新的视野与技术路径，助力于深化对湿地生态系统动态变化的研究。

（三）基于统计分析与机器学习的权重优化

统计分析与机器学习技术为湿地遥感监测指标权重优化提供了新途径。例如，在青海湖流域湿地监测项目中，利用长时间序列的MODIS影像和地面实测数据，进行了多元回归分析和主成分分析（PCA）。通过构建数学模型，可以定量评估各个指标对湿地生态系统健康状况的影响程度，从而确定其权重。这种方法不仅提高了权重确定的科学性和客观性，还能为后续的研究和应用提供理论支持。

随机森林和支持向量机（SVM）等机器学习算法已被广泛应用于权重优化领域。洞庭湖湿地监测项目中，运用随机森林算法对湿地植被覆盖度进行了精确分类，并通过交叉验证技术优化了各项指标的权重。此种方法不仅显著提升了分类精度，而且能够更精准地捕捉湿地内部结构及其细微变化。进一步地引入深度学习算法，如卷积神经网络（CNN），能够从海量候选特征中自动筛选出最优化的特征子集，从而进一步提升权重优化的效能。综上所述，基于统计分析与机器学习的权重优化方法为构建湿地遥感监测指标体系提供了崭新的思路与技术手段，对于深化对湿地生态系统动态演变的理解具有重要意义。

三、指标体系构建的案例分析

（一）红树林湿地监测中的应用

红树林湿地监测是湿地保护的重要组成部分。例如，在广西北海银滩湿地监测项目中，结合遥感技术和实地调查，构建了一个全面的红树林湿地监测指标体系。该体系涵盖了红树林面积、植被覆盖度、水质参数等多个方面，通过多源遥感数据和实地调查结果的融合验证，确保了监测结果的准确性和可靠性。研究人员利用 Landsat 系列卫星影像和无人机航拍影像，详细记录了红树林分布情况及其动态变化。通过建立时间序列影像数据库，可以实时监测红树林面积扩张或缩减的现象，及时采取保护措施。

引入光谱混合分解技术与面向对象的分类方法，实现了对红树林内多种植被类型的精细分类。例如，通过线性光谱解混模型，结合实验室获取的纯端元光谱库，成功识别出了芦苇群落向草本植物群落的转变。该方法不仅提升了分类精度，而且能更精确地反映红树林生态系统的内部结构变化。通过引入了机器学习算法，如随机森林和支持向量机（SVM），能从大量候选特征中自动筛选出最优特征子集，进一步提升分类性能。总体而言，红树林湿地监测指标体系的应用为湿地保护提供了科学依据和技术支持。

(二) 高原湖泊湿地监测中的应用

高原湖泊湿地监测对于维护生态平衡至关重要。例如，在西藏纳木错湿地监测项目中，构建了一个涵盖湖泊面积、水位变化、水质参数等多个方面的综合评价体系。通过结合长时间序列的 MODIS 影像和地面实测数据，可以全面评估湖泊水量变化和水质状况。借助合成孔径雷达（SAR）图像与光学图像的结合，成功实现了对湖泊水体面积及其水位变化的精确监测。由于 SAR 图像不受云层遮蔽和光照条件的限制，它们特别适用于频繁遭遇恶劣天气的高原地区。通过对 SAR 图像回波强度的分析，能够精确地提取水体边界并计算出水体的面积。与此同时，光学图像提供了丰富的地物色彩和纹理信息，这对于水位变化的细致解析具有重要价值。

水质参数的遥感反演技术引入，实现了对叶绿素 a 浓度、悬浮颗粒物浓度和透明度的快速估算。通过构建回归模型和神经网络模型，可以实时更新水质参数反演结果，为水质污染治理提供及时预警。例如，在一次蓝藻暴发事件监测中，通过对比正常年份和蓝藻暴发期间的水质参数反演结果，及时发现水质恶化的迹象，为相关部门采取应急措施提供了有力支持。总之，高原湖泊湿地监测指标体系的应用为湿地保护提供了科学依据和技术支持，有助于深入研究湿地生态系统的动态演变。

(三) 城市湿地公园监测中的应用

在城市湿地公园的监测应用中，这些生态区域作为城市生态建设的关键部分正发挥着不可替代的作用。以杭州西溪国家湿地公园为例，在其监测项目中，建立了一套全面的评价体系，涵盖了湿地面积、植被覆盖程度、水质参数等多个维度，旨在全面评估湿地生态系统的变化趋势。

通过整合长时间序列的 Landsat 卫星影像与无人机航拍图像，得以对湿地环境进行细致入微的观察。多光谱及高光谱影像技术的应用，辅以地面实测数据的支持，实现了对关键水质参数——如叶绿素 a 浓度、悬浮颗粒物浓度和水体透明度的精确反演。借助构建的回归分析和神经网络模型，能够迅速估算大面积水域的水质状况，为应对潜在的水质污染问题提供及时预警机制。

时空动态监测与变化检测技术被引入项目中，生成了随时间演变的湿地地图。用户可以利用交互式界面探索不同历史时期的湿地分布状况，直观地感受到湿地面积减少、植被退化等显著变化。动画演示与虚拟现实（VR）技术的结合，进一步增强了用户的沉浸感，使得湿地变迁的过程更加生动、形象。

城市湿地公园监测指标体系的应用不仅为湿地保护提供了坚实的科学依据和技术支持，还促进了对湿地生态系统动态演变的深入理解，推动了城市生态环境向可持续发展的方向迈进。

第三节　湿地遥感监测的指标应用实例

一、湿地资源调查的指标应用

（一）全国湿地资源普查中的应用

在2019年启动的中国第三次全国湿地资源普查中，遥感技术发挥了至关重要的作用。此次普查覆盖了从东北的沼泽湿地到南方的红树林湿地，通过利用高分辨率卫星影像如 Landsat 8 和 Sentinel-2，结合无人机航拍影像，构建了一个全面而精确的湿地空间数据库。普查团队设计了一套包括湿地面积、植被类型、水体边界等在内的详细指标体系，确保了数据的一致性和可比性。例如，在内蒙古呼伦湖湿地普查项目中，利用多时相遥感影像，成功识别出了湖泊周边湿地的动态变化，为后续保护规划提供了科学依据。

遥感技术还帮助解决了传统地面调查难以覆盖大面积区域的问题。例如，在新疆博斯腾湖湿地普查中，由于地广人稀且交通不便，通过综合运用光学影像和合成孔径雷达（SAR）影像，实现了对整个湖区及其周边湿地的高效监测。这种方法不仅提高了工作效率，还确保了数据的完整性和准确性。通过将遥感数据与实地调查相结合，能够更全面地了解湿地资源的现状，为国家层面的湿地保护政策提供坚实的数据支持。

（二）湿地资源动态监测的应用

湿地资源动态监测是确保湿地生态系统健康稳定的重要手段。例如，在云南抚仙湖湿地监测项目中，利用长时间序列的 MODIS 影像和高分辨率商业卫星影像，建立了湿地资源动态监测系统。通过对不同时期影像数据进行对比分析，可以捕捉湿地面积的变化趋势，如湖泊萎缩、河漫滩扩展等现象。还引入了光谱混合分解技术和面向对象分类方法，实现了对湿地内多种植被类型的精细分类，进一步提升了监测效果。

动态监测还有助于揭示湿地资源随时间的变化规律。例如，在湖南洞庭湖湿地监测项目中，利用长时间序列影像数据，结合统计分析和机器学习算法，建立了湿地资源模拟模型。通过预测未来变化情景，为湿地保护规划提供了前瞻性指导。这种方法不仅提高了对湿地资源动态变化的理解，还能为应对极端气候事件提供预警信息，保障湿地生态系统的稳定性和可持续性。总之，湿地资源动态监测为湿地保护工作注入了新的活力和技术支持。

（三）湿地资源管理决策的支持

遥感监测指标在湿地资源管理决策中起到了关键作用。例如，在海南东寨港国家级自然保护区管理中，利用遥感影像和地理信息系统（GIS），构建了湿地资源管理决策支持系统。该系统集成了湿地面积、植被覆盖度、水质参数等多个方面的监测数据，为保护区管理人员提供了直观的数据展示和分析工具。通过可视化界面，可以实时查看湿地资源的分布情况和发展趋势，及时调整保护策略。例如，在湿地恢复项目的规划中，通过 GIS 分析确定了最适合植被恢复的区域，确保资源的有效利用。

遥感监测指标的应用还显著促进了跨部门协作和社会参与。例如，在广东珠江口湿地保护项目中，地方政府携手科研机构及社会组织，共同开发了一套适应本地环境的湿地保护策略。通过组织专业培训和开展宣传活动，向当地居民传播湿地保护的重要性及相关知识，激励社区成员积极参与到湿地保护的实际工作中。这种公众参与模式不仅提升了民众的责任感和支持力度，还增强了社会各界之间的合作与互动，营造了积极的生态保护文化。

具体来说，遥感技术提供的科学数据和分析结果，使得决策者能够基于准确的信息制定有效的管理措施。同时，透明的数据共享机制也增进了公众对保护工作的理解和信任。由此形成的良性循环，进一步推动了湿地资源管理的科学化和民主化进程，确保了湿地生态系统的健康与可持续发展。

遥感监测指标在湿地保护中的应用，不仅为资源管理和政策决策提供了坚实的技术支持和科学依据，还通过促进多方合作和公众参与，构建了一个更加广泛和深入的生态保护网络，为实现湿地生态系统的长期稳定和繁荣打下了坚实的基础。

二、湿地生态监测的指标选择与评估

（一）湿地生物多样性监测的应用

湿地生物多样性监测是评估湿地生态系统健康状况的重要内容。例如，在江苏盐城滨海湿地监测项目中，利用无人机航拍影像和高光谱影像，结合实地调查结果，构建了一套涵盖鸟类栖息地、鱼类产卵场、植物群落结构等多个方面的生物多样性监测指标体系。通过定期采集样本并进行 DNA 条形码分析，可以准确识别出湿地内的物种组成及其变化趋势。这种方法不仅提高了监测精度，还能更好地反映湿地生态系统的内部结构变化。

遥感技术在湿地生物多样性监测中的应用还促进了保护措施的制定。例如，在福建闽江口湿地监测项目中，发现某些区域的鸟类栖息地受到人类活动的威胁，导致鸟类数量减少。如随机森林和支持向量机（SVM）可以自动筛选出最优特征子集，进一步提高分类性能。基于这些监测结果，提出了针对性的保护建议，如建立缓冲区、限制开发活动等，有效缓解了生物多样性下降的压力。总之，湿地生物多样性监测为湿地保护提供了科学依据和技术支持，有助于维护生态平衡。

（二）湿地水质监测的应用

湿地水体质量的持续监控是守护水资源安全的关键防线。以云南滇池湿地为例，科研人员巧妙融合了多源遥感技术与实地测量数据，精准反演了水质关键指标，如叶绿素 a 浓度、悬浮物浓度及水体透明度等。通过建立先进的数据分析模型，如机器学习算法，实现了对滇池湿地大范围水域水质状况的即时评估与预警。在一次突发性的藻类暴发事件中，利用这一监控体系迅速捕捉到水质恶化的早期信号，为管理部门争取到了宝贵的响应时间，有效遏制了水质危机的进一步蔓延。

湿地水体质量监控还促进了跨区域水质管理策略的协同一致。在黄河流域湿地保护协作项目中，各参与省份共同遵循统一的水质监测标准，确保了水质数据的可比性和管理政策的有效性。这一做法不仅强化了地方政府间的合作机制，也为公众积极参与水质保护提供了清晰的指引，增强了社会共识与行动力。湿地水体质量监控的实践，不仅为水资源管理提供了科学依据，也为湿地生态系统的健康维护贡献了重要力量。

（三）湿地生态健康评估的应用

湿地生态系统健康诊断是评估湿地整体状况与恢复潜力的有效工具。以东北三江平原湿地为例，通过整合长时间序列的卫星遥感数据与地面生态观测数据，结合生态水文模型，对湿地生态系统的健康状况进行了全面诊断。通过对降水量、地表径流、地下水动态等水文要素的综合分析，以及湿地植被生长状况与土壤湿度的监测，深入揭示了湿地水文循环的复杂机制及其对生态系统健康的影响。

在一次极端气候事件的影响下，通过对比历史数据与当前状况，发现湿地生态系统遭受了严重的水分胁迫，生态系统健康指数显著下降。基于这一诊断结果，提出了针对性的保护措施，如优化水资源分配、恢复湿地植被群落等，为湿地生态系统的恢复与可持续发展提供了科学依据。湿地生态系统健康诊断的应用，不仅深化了我们对湿地动态变化的理解，也为制定有效的湿地保护策略提供了有力支持。

三、湿地保护与管理的指标指导作用

（一）湿地保护规划中的应用

湿地保护规划是确保湿地生态系统长期稳定的重要环节。例如，在河北白洋淀湿地保护规划项目中，利用遥感影像和地理信息系统（GIS），构建了一套详细的湿地保护规划指标体系。该体系涵盖了湿地面积、植被覆盖度、水质参数等多个方面，为地方政府制定具体的保护措施提供了科学依据。通过结合多源遥感数据和实地调查结果，能够全面评估湿地资源的现状和发展趋势，确保保护规划的合理性和可行性。例如，在一次湿地恢复项目的规划中，通过 GIS 分析，确定了最适合植被恢复的区域，确保了资源的有效利用。

遥感监测指标在湿地保护规划中发挥了重要的指导作用。以安徽巢湖湿地保护规划项目为例，借助长时间序列影像数据，结合统计分析和机器学习算法，构建了湿地保护优先级评估模型。该模型通过预测未来变化情景，为湿地保护规划提供了前瞻性的指导。此方法不仅增强了对湿地资源动态变化的理解，而且能够为应对极端气候事件提供预警信息，确保湿地生态系统的稳定性和可持续性。综上所述，遥感监测指标为湿地保护规划提供了科学依据和技术支持，有助于实现湿地生态系统的可持续发展。

（二）湿地管理中的应用

湿地管理的科学化与合理化决策支持至关重要。以江西鄱阳湖湿地管理项目为例，借助遥感技术与地理信息系统（GIS），构建了综合性的湿地管理系统。该系统融合了湿地面积、植被覆盖度、水质参数等多项监测数据，为管理决策者提供了翔实的数据展示与分析工具。通过交互式的可视化界面，管理决策者能够实时监控湿地资源的分布状况及其演变趋势，从而及时调整保护措施。例如，在一次洪水事件发生后，通过对比洪水前后的影像数据，迅速识别出新增的淹没区域，为紧急响应提供了关键信息。

遥感监测指标还在湿地管理中发挥了预警功能。例如，在四川若尔盖湿地管理项目中，利用长时间序列影像数据，结合统计分析和机器学习算法，建立了湿地管理预警系统。通过实时更新监测数据，可以提前发现潜在问题，如湿地面积缩减、水质恶化等，及时采取保护措施。这种方法不仅提高了湿地管理的效率和准确性，还能为应对突发环境事件提供有力支持。总之，遥感监测指标为湿地管理提供了科学依据和技术支持，有助于实现湿地生态系统的可持续发展。

（三）湿地保护成效评估中的应用

湿地保护成效评估是检验保护措施是否有效的关键步骤。例如，在上海崇明东滩湿地保护成效评估项目中，利用遥感影像和地理信息系统（GIS），构建了一套详细的成效评估指标体系。该体系涵盖了湿地面积、植被覆盖度、水质参数等多个方面，确保了评估结果的全面性和客观性。通过对比保护前后的遥感影像数据，可以准确量化湿地保护的效果，如湿地面积的增加、植被覆盖度的提升等。这种方法不仅提高了评估的科学性和可靠性，还能为后续保护工作提供重要参考。

遥感监测指标还在湿地保护成效评估中发挥了引导作用。例如，在辽宁双台河口湿地保护成效评估项目中，利用长时间序列影像数据，结合统计分析和机器学习算法，建立了成效评估模型。通过预测未来变化情景，为湿地保护成效评估提供了前瞻性指导。这种方法不仅提高了对湿地保护成效的理解，还能为优化保护措施提供科学依据。总之，遥感监测指标为湿地保护成效评估提供了科学依据和技术支持，有助于实现湿地生态系统的可持续发展。

第三部分 湿地遥感监测的技术实践与应用

第六章 湿地遥感监测的技术流程

第一节 湿地遥感监测项目规划

一、项目目标与任务的确定

（一）明确保护需求，设定具体目标

在启动湿地遥感监测项目时，明确保护需求是设定具体目标的基础。例如，在湖南洞庭湖湿地监测项目中，当地政府和科研团队共同确立了保护洞庭湖湿地生态系统、维护生物多样性、提升水质等多重目标。通过详细的实地调研和利益相关方访谈，明确了湿地面临的威胁，如过度开发、污染排放等，并据此确定了具体的监测指标。这些指标包括湿地面积变化、植被覆盖度、水体质量等多个方面，确保监测结果能够直接反映湿地生态系统的健康状况。

项目还设定了长期和短期目标相结合的战略框架。例如，短期内旨在快速评估当前湿地资源的现状，为紧急保护措施提供数据支持；而长期内则致力于建立一个持续监测机制，跟踪湿地生态系统的动态变化，为未来的政策调整和管理决策提供科学依据。这种方法不仅提高了项目的可操作性，还增强了社会各界对湿地保护工作的认同和支持。

（二）细化任务分工，确保责任落实

为了确保湿地遥感监测项目的顺利实施，必须细化任务分工，明确各参与方的责任。例如，在青海湖流域湿地监测项目中，将整个监测过程划分为影像获取、数据处理、分析报告三个主要阶段，并为每个阶段指定了专门的负责人员和技术团队。影像获取阶段由卫星运营商和无人机航拍团队负责,确保高质量的数据源;数据处理阶段由地理信息系统(GIS)专家和遥感分析师承担,进行影像预处理和分类工作;分析报告阶段则由生态学家和环境工程师主导,撰写详尽的监测报告并提出保护建议。

项目组还建立了定期沟通机制,确保各方信息畅通无阻。例如,每周召开一次项目进度会议,及时解决遇到的问题,调整工作计划。通过这种方式,不仅提高了工作效率,还促进了团队协作精神,形成了良好的工作氛围。总之,细化任务分工和确保责任落实为湿地遥感监测项目的成功奠定了坚实基础。

(三)结合实际需求,制定灵活策略

湿地遥感监测项目的规划需要紧密结合实际需求,制定灵活的应对策略。例如,在广东珠江口湿地监测项目中,发现当地湿地面临的主要问题是城市化带来的土地利用变化和工业污染。针对这些问题,制定了针对性的监测方案,重点加强对城市扩展区和工业集中区周边湿地的监测力度。同时,引入了多源遥感数据融合技术,如光学影像和合成孔径雷达(SAR)影像相结合,以克服云层遮挡和光照条件限制的影响,确保数据的完整性和准确性。

项目组还根据实际情况调整了监测频率和范围。例如,在洪水季节增加了影像采集次数,以便实时掌握湿地水位变化情况;而在枯水期则扩大了监测区域,全面评估湿地干涸程度及其对生态系统的影响。这种灵活性不仅提高了监测效果,还能更好地服务于湿地保护和管理工作。总之,结合实际需求制定灵活策略为湿地遥感监测项目的有效实施提供了重要保障。

二、项目实施步骤的规划与安排

(一)数据获取与预处理的高效协同

湿地遥感监测项目的数据获取与预处理是确保后续分析准确性的关键环节。在江苏盐城滨海湿地监测项目中,充分利用了国内外多种卫星资源,如 Landsat 系列、Sentinel-2 以及高分辨率商业卫星影像,构建了一个多层次、多时相的湿地空间数据库。为了提高数据获取效率,项目组与卫星运营商建立了长期合作关系,确保影像数据的及时更新。还引入了无人机航拍技术,用于补充高分辨率细

节信息，特别是在难以通过卫星覆盖的小尺度区域。

具体而言，项目组与国内的卫星运营商合作，定期获取最新的高分辨率影像，确保能够捕捉到湿地及其周边环境的变化。同时，针对一些特定需求，如洪水灾害后的应急响应，迅速出动无人机进行现场勘查，并实时传输高清影像至指挥中心。这种即时响应机制不仅提高了应急处理的速度，还减少了灾害造成的损失。还利用无人机搭载激光雷达（LiDAR）传感器，生成了详细的地形和植被结构模型，为后续的保护工作提供了坚实的基础。

在数据预处理阶段，采用了自动化处理工具和人工校正相结合的方法。例如，利用 ENVI 软件进行辐射校正、几何校正和大气校正等常规操作，确保影像数据的一致性和可比性。对于一些复杂地形或特殊地物类型，则由经验丰富的遥感分析师进行手动校正，以提高分类精度。项目组还开发了一套基于 Python 脚本的数据处理流水线，实现了从影像下载到初步分类的全流程自动化，大大缩短了数据处理周期。这种方法不仅提高了工作效率，还为后续分析提供了高质量的数据支持。

为了进一步提升数据处理的质量，引入了深度学习算法，用于自动识别和纠正影像中的错误。例如，在一次湿地边界提取任务中，利用卷积神经网络（CNN）对多光谱影像进行了分类。通过多层次的卷积层和池化层，CNN 可以从影像中提取出丰富的纹理和颜色信息，进而实现对湿地不同类型地物的精准分类。特别是对于复杂地形和植被覆盖下的湿地，CNN 能够有效捕捉微小的细节变化，提高了分类的准确性和鲁棒性。这种方法不仅提高了监测结果的可靠性，还为科学研究提供了丰富的信息支持。

项目组还注重数据安全和共享机制的建设。例如，设立了专门的数据管理平台，所有参与方都可以通过统一接口访问和上传数据。平台内置了严格的安全措施，如用户权限管理和数据加密存储，确保敏感信息不会泄露。同时，平台还提供在线数据分析工具和服务，支持用户进行定制化的数据处理和可视化展示，从而提升数据利用效率。总之，数据获取与预处理的高效协同为湿地遥感监测项目的成功奠定了坚实基础，确保了数据的真实性和准确性。

（二）数据分析与成果呈现的紧密衔接

湿地遥感监测项目的数据分析与成果呈现需要紧密衔接，确保研究成果能够及时转化为实际行动。在江西鄱阳湖湿地监测项目中，采用了一系列先进的分析方法和技术手段，如面向对象分类、光谱混合分解、机器学习算法等，对湿地面积、植被覆盖度、水质参数等多个方面进行了深入研究。通过建立时间序列影像数据库，可以捕捉湿地动态变化趋势，为生态保护提供科学依据。

具体来说，项目组利用随机森林模型对长时间序列的 MODIS 影像进行了分析，提出了针对性的保护建议，如建立缓冲区、限制开发活动等，有效缓解了生物多样性下降的压力。通过引入智能化管理系统，可以更好地整合各方资源，形成合力，确保湿地保护工作的顺利实施。还结合地面实测数据，进行了综合评估，确保监测结果的全面性和准确性。这种方法不仅提高了监测效果，还能更好地服务于湿地保护和管理工作。

为了使研究成果更加直观易懂，项目组还注重成果呈现方式的创新。例如，利用地理信息系统（GIS）平台，开发了交互式地图展示系统，用户可以通过在线界面浏览不同时期的湿地分布情况，查看详细的监测数据和分析报告。项目组还制作了专题图册和宣传视频，向公众普及湿地保护知识，增强社会对湿地保护的关注和支持。这种方法不仅提高了项目的影响力，还促进了科学研究成果的应用转化，为湿地保护工作注入了新的活力。

项目组还利用虚拟现实（VR）技术和增强现实（AR）技术，创建了虚拟湿地环境，让参观者身临其境地感受湿地的魅力。通过这种沉浸式体验，可以更直观地展示湿地生态系统的复杂性和重要性，激发公众对湿地保护的兴趣和支持。例如，在一次湿地科普活动中，邀请市民戴上 VR 眼镜，仿佛置身于真实的湿地环境中，观察鸟类栖息、鱼类游动等场景。通过这种方式，不仅可以提高公众的环保意识，还能促进社会各界的合作与互动，形成了良好的生态保护氛围。

为了确保成果的有效传播，还建立了多渠道信息发布机制。例如，通过官方网站、社交媒体平台和移动应用程序等多种途径，及时发布最新的监测数据和研究报告。同时，定期举办研讨会和培训班，邀请专家学者和一线工作人员共同探讨最新的研究成果和技术进展。通过这种方式，不仅可以引进先进的技术和理念，还能促进国内外湿地保护经验的共享，为湿地保护工作注入新的活力。总之，数据分析与成果呈现的紧密衔接为湿地遥感监测项目的成功实施提供了重要保障，确保了研究成果能够及时转化为实际行动。

(三) 反馈机制与迭代优化的持续改进

湿地遥感监测项目的反馈机制与迭代优化是实现持续改进的重要保障。在云南抚仙湖湿地监测项目中，建立了完善的反馈机制，定期收集地方政府、科研机构和社会组织的意见和建议，及时调整监测方案和技术路线。通过设立意见箱、举办座谈会等方式，广泛听取各方声音，确保项目始终贴近实际需求。项目组还设立了专门的质量控制小组，负责审查监测数据和分析结果，发现问题及时纠正，保证项目的科学性和可靠性。

具体而言，设立季度评估会议，邀请各利益相关方参与讨论，共同评估项目的进展和成效。每次会议上，项目组都会详细汇报当前的工作情况，并提出下一阶段的工作计划。参会人员可以根据自己的专业背景和实践经验，提出改进建议。例如，在一次评估会议上，有专家指出某地区的湿地植被覆盖度估算可能存在偏差，建议引入更多的地面实测数据进行校正。项目组采纳了这一建议，随后增加了实地调查频率，显著提高了监测结果的准确性。

为了实现迭代优化，项目组不断引入新技术和新方法，提升监测水平。例如，在一次湿地植被覆盖度估算中，通过对比不同算法的分类效果，选择了最适合本地特点的随机森林模型，并对其进行了参数调优。通过这种方式，不仅提高了分类精度，还积累了宝贵的经验和技术储备。鼓励团队成员参加学术交流活动，了解国际前沿动态，吸收先进理念和技术，为项目持续改进提供了智力支持。

重视跨部门合作，以形成协同效应。例如，在某次湿地恢复项目的规划过程中，政府、科研机构与非政府组织携手合作，共同建立了湿地保护联盟，并定期举行会议以交流最新的研究成果与技术进展。该合作模式不仅引入了先进的技术与理念，还促进了国内外在湿地保护领域的经验共享，为湿地保护工作注入了新的活力。总体而言，反馈机制与迭代优化为湿地遥感监测项目的持续发展提供了持续的动力，确保了项目在相关领域的领先地位。

综上所述，数据获取与预处理的高效协同、数据分析与成果呈现的紧密衔接、反馈机制与迭代优化的持续改进，这三个方面构成了湿地遥感监测项目实施步骤的核心要素。通过这些措施，项目不仅提升了操作性和有效性，还为湿地保护工作提供了新的动力和技术支持。展望未来，随着技术的不断进步与完善，湿地遥感监测将在全球范围内发挥更为重要的作用,推动湿地生态系统的可持续发展。

三、项目风险管理与质量控制

(一)风险识别与评估的前置考量

湿地遥感监测项目的风险管理始于风险识别与评估的前置考量。在广东珠江口湿地监测项目中,在项目启动初期就进行了全面的风险评估,识别出可能影响项目进展的关键因素,如极端天气事件、设备故障、数据质量问题等。通过对历史资料的分析和专家咨询,制定了详细的风险预案,确保一旦发生意外情况能够迅速响应并采取有效措施。例如,在台风季节来临前,提前部署备用电源和通信设备,确保数据传输不受影响;对于可能出现的数据质量问题,建立了严格的质量控制标准和复核机制,确保每一步操作都符合要求。

通过查阅过去十年的气象记录,识别出了珠江口地区频繁遭遇台风和暴雨袭击的风险。为此,在主要监测站点配备了防洪设施,并安装了高精度的雨量计和水位传感器,以实时监控水位变化。为了应对潜在的电力中断问题,在所有关键监测点安装了太阳能电池板和不间断电源(UPS),确保即使在停电情况下也能继续工作。这种预防性措施不仅提高了系统的稳定性,还为后续数据分析提供了可靠的数据支持。

项目组还特别关注外部环境变化带来的潜在风险。例如,在一次洪涝灾害监测中,及时调整了监测方案,增加了影像采集频次,确保能够实时掌握湿地淹没情况。通过这种方式,不仅提高了监测效果,还为应急响应提供了有力支持。同时,还引入了无人机航拍技术,用于快速获取受灾区域的高清影像,以便更准确地评估灾害影响范围。这种方法不仅提高了监测效率,还能为地方政府制定救灾计划提供科学依据。

为了进一步增强风险识别的准确性,利用地理信息系统(GIS)平台,绘制了详细的洪水风险地图,标记了历史上容易受淹的区域。通过结合实时降雨数据和水文模型,可以提前预测可能受影响的湿地范围,从而为提前部署防护措施赢得了宝贵时间。这种方法不仅提高了预警的时效性,还增强了社会各界对湿地保护工作的认同和支持。

总之，风险识别与评估的前置考量为湿地遥感监测项目的顺利实施提供了坚实保障。通过提前部署防灾减灾措施、增加影像采集频次以及引入先进技术手段，有效降低了各类风险对监测工作的影响，确保了项目的顺利推进和预期目标的实现。

（二）质量控制措施的具体实施

湿地遥感监测项目的质量控制措施具体实施是确保监测结果可靠性的关键。在青海湖流域湿地监测项目中，设立了严格的质量控制流程，从数据获取、预处理、分析到最后的报告撰写，每一个环节都有专人负责监督和检查。在数据获取阶段，项目组与卫星运营商保持密切沟通，确保影像数据的完整性和一致性；在预处理阶段，采用双人审核制度，确保每一张影像都经过严格的校正和验证；在数据分析阶段，引入了交叉验证方法，确保分类结果的稳定性和准确性；在报告撰写阶段，邀请外部专家进行评审，确保报告内容真实可信。

具体而言，在数据获取阶段，项目组与国内外多个卫星运营商建立了长期合作关系，确保能够获取高质量的多源遥感影像。例如，定期获取来自Landsat系列、Sentinel-2以及高分辨率商业卫星的影像，确保数据的时间连续性和空间覆盖度。还配备了无人机队伍，用于补充高分辨率细节信息，特别是在难以通过卫星覆盖的小尺度区域。通过这种方式，不仅丰富了数据来源，还提高了监测的精细化程度。

在数据预处理环节，采取了一种将自动化工具与人工干预相结合的策略。以使用ERDAS Imagine软件为例，执行了包括辐射校正、几何校正和大气校正在内的标准处理步骤，确保了遥感影像数据的一致性和可比较性。针对一些地形复杂或独特地物的情况，经验丰富的遥感专家进行了细致的手动调整，以提升后续分类的精确度。同时，还编写了一套基于Python的数据处理流程，实现了从影像获取到初步处理的自动化，显著缩短了数据准备的时间。这种高效的方法不仅提升了作业效率，也为深入分析打下了坚实的数据基础。

在数据解析阶段，运用了多种尖端的分析方法和技巧，如支持向量机分类、高光谱分析等，以保障分类结果的稳定性和精确度。在实施一次黄河三角洲湿地植被覆盖度评估项目中，通过比较不同算法的性能，选定了最适合该地区特点的支持向量机模型，并对其参数进行了优化。这一过程不仅提高了分类的准确性，也积累了重要的技术经验。同时，还强调了跨部门合作的重要性，如在湿地恢复计划中，与环保部门、学术机构和环保组织建立了合作伙伴关系，定期举办研讨会，分享最新的科研成果和技术动态。这种合作模式不仅引入了创新技术和理念，还促进了国内外湿地保护知识的交流，为湿地保护事业增添了新的动力。

在报告编制阶段，邀请了来自不同领域的专家进行评审，确保了报告内容的准确性和可信度。在针对长江中下游湿地的一份年度报告中，团队详细记录了湿地面积的年度变化，并结合水文监测数据，分析了湿地退化的原因及其影响。报告还提出了针对性的保护措施，如实施生态补水、建立生态保护区等，为政策制定者提供了决策依据。这种严谨的报告编制方式不仅提升了报告的专业水平，也推动了科研成果的实际应用，为湿地保护工作带来了新的启发。

总之，质量控制措施的具体实施为湿地遥感监测项目的成功提供了重要保障。通过建立严格的质量控制流程、引入先进技术和算法、加强跨部门合作以及邀请外部专家评审，确保了每个环节的工作质量和最终监测结果的可靠性，推动了湿地保护事业的不断进步。

（三）应急预案与危机处理的有效执行

湿地遥感监测项目的应急预案与危机处理是应对突发情况的重要手段。在云南抚仙湖湿地监测项目中，制定了详细的应急预案，涵盖了自然灾害、技术故障、人为干扰等多种情形。在面对自然灾害时，提前准备了备用电源、通信设备和应急车辆，确保数据传输不受影响；对于技术故障，配备了专业的技术支持团队，能够在短时间内排除问题，恢复系统正常运行；针对人为干扰，加强了安全防范措施，安装了监控摄像头和报警装置，确保监测站点的安全。

具体实施中，在抚仙湖周边的主要监测站点安装了坚固的防护栏和监控摄像头，防止非法入侵和破坏行为。同时，为了应对可能发生的自然灾害，提前部署了备用电源和无线通信设备，确保即使在断电或网络中断的情况下也能继续工作。例如，在一次地震事件后，迅速启动应急预案，派遣技术人员前往现场检查设备状况，并通过无人机航拍记录了震后的湿地受损情况。这种方法不仅提高了应急响应的速度，还为后续修复工作提供了直观的参考资料。

为了应对技术故障，配备了专业的技术支持团队，能够在短时间内排除问题，恢复系统正常运行。例如，在一次数据传输故障中，技术人员迅速定位问题所在，发现是网络线路老化导致信号衰减，立即更换了新的网络设备，并优化了传输路径，确保数据传输恢复正常。同时，还建立了远程监控和诊断系统，技术人员可以通过互联网实时监控各个监测点的状态，及时发现并解决潜在问题。这种方法不仅提高了系统的可靠性，还减少了因故障导致的数据丢失风险。

针对人为干扰，加强了安全防范措施，安装了监控摄像头和报警装置，确保监测站点的安全。例如，在一次非法捕捞事件中，项目组接到举报后立即启动应急预案，派遣执法人员前往现场制止违法行为，并通过无人机航拍记录证据，为后续法律程序提供了有力支持。这种方法不仅提高了湿地保护的效果，还增强了社会各界对湿地保护的认识和支持。还与当地社区合作，开展了多次环保宣传活动，提高居民对湿地保护的意识，形成了良好的生态保护氛围。

还建立了高效的危机处理机制，确保在突发事件发生时能够迅速反应并采取有效措施。例如，在一次严重干旱期间，及时调整了监测方案，增加了地下水位和土壤湿度的监测频率，确保能够实时掌握湿地干涸情况。通过这种方式，不仅提高了监测效果，还为地方政府制定抗旱措施提供了科学依据。项目组还与水利部门合作，共同探讨如何优化水资源管理，减少干旱对湿地生态系统的影响。这种方法不仅提高了湿地保护的效果，还促进了跨部门的合作与互动，形成了良好的生态保护机制。

总之，应急预案与危机处理的有效执行为湿地遥感监测项目的顺利实施提供了坚实的保障。通过提前部署防灾减灾措施、配备专业技术人员、加强安全防范措施以及建立高效的危机处理机制，有效应对了各种突发情况，确保了监测工作的连续性和可靠性，推动了湿地保护事业的持续健康发展。

第二节 湿地遥感监测数据获取与处理

一、数据获取策略的制定与卫星选择

（一）多源卫星影像的选择依据

在湿地遥感监测项目中，选择合适的多源卫星影像对于确保数据质量和满足特定监测需求至关重要。例如，在江西鄱阳湖湿地监测项目中，综合考虑了不同卫星影像的空间分辨率、时间分辨率和光谱分辨率，最终选择了 Landsat 8 OLI、

Sentinel-2 MSI 以及高分辨率商业卫星影像相结合的方式。Landsat 8 提供了免费且覆盖全球的高质量多光谱影像，适用于大面积湿地资源普查；而 Sentinel-2 则具有更高的空间分辨率和更短的重访周期，适合用于动态变化监测；高分辨率商业卫星影像如 WorldView 系列，则为关键区域提供详细的地物信息，弥补了其他卫星影像在细节上的不足。

具体来说，鄱阳湖湿地面积广阔，Landsat 8 的 16 天重访周期虽然能够提供相对稳定的观测频率，但其 30 米的空间分辨率对于一些细微变化难以捕捉。因此，引入了 Sentinel-2 MSI，该传感器不仅具备 10 米的空间分辨率，而且每 5 天就能完成一次全球覆盖，大大提高了对湿地动态变化的监测能力。特别是在洪水季节，Sentinel-2 的高时间和空间分辨率使得研究人员可以更频繁地监控水位变化，及时预警可能发生的灾害。

为了进一步提升监测精度，还选择了 WorldView 系列的高分辨率商业卫星影像。这些卫星提供的亚米级分辨率影像，能够清晰显示湿地内的植被类型、水体边界等细节特征，特别适用于对重要生态节点的详细分析。例如，在鄱阳湖周边的一些候鸟栖息地，通过 WorldView 影像，可以精确识别出鸟类活动的热点区域，为保护措施的制定提供了直观的数据支持。

针对特殊环境条件下的湿地监测，还引入了合成孔径雷达（SAR）影像。例如，在黑龙江扎龙国家级自然保护区监测项目中，由于该地区常受云层遮挡影响，传统的光学影像难以获取有效数据。通过使用 SAR 影像，可以穿透云层和植被，实现全天候、全时段的数据采集，确保了湿地监测工作的连续性和稳定性。这种方法不仅提高了数据的完整性和可靠性，还为后续分析提供了更多维度的信息支持。

例如，在一次极端天气事件后，扎龙保护区的部分区域被厚厚的云层覆盖，传统光学影像无法提供有效的监测数据。此时，SAR 影像发挥了重要作用，成功获取了灾区的高清图像，有助于评估湿地受损情况，并为灾后恢复工作提供了科学依据。通过这种方式，SAR 影像补充了光学影像的不足，形成了互补的数据来源，增强了监测系统的鲁棒性。

（二）无人机航拍与地面实测的补充

除了卫星影像外，无人机航拍和地面实测也是湿地遥感监测数据获取的重要组成部分。例如，在福建闽江口湿地监测项目中，利用无人机搭载多光谱相机和激光雷达（LiDAR），对重点区域进行了高精度地形测量和植被结构分析。无人机航拍能够快速覆盖小尺度区域，并提供丰富的纹理和色彩信息，尤其适用于复杂地形或难以到达的地方。同时，结合实地调查结果，可以验证遥感影像分类的准确性，发现潜在问题并进行调整优化。

具体而言，闽江口湿地地形复杂，既有广阔的滩涂又有密集的红树林分布。无人机航拍能够灵活应对这种复杂的地理环境，快速获取高分辨率影像。例如，在一次红树林健康状况评估中，利用无人机搭载的多光谱相机拍摄了大量影像，通过对不同波段的分析，准确识别出了红树林的生长状态和病虫害情况。这种方法不仅提高了监测效率，还为红树林的保护和管理提供了详尽的数据支持。

无人机航拍还能在应急响应中发挥重要作用。例如，在一次非法捕捞事件中，执法人员接到举报后迅速出动无人机进行现场勘查，实时传输高清影像至指挥中心。这种即时响应机制不仅提高了执法效率，还能减少人为干扰对湿地生态的影响。通过无人机的协助，执法人员能够更快地锁定违法地点，采取行动，保障湿地的安全。

地面实测则是湿地遥感监测不可或缺的一环。这些实测数据不仅可以校正遥感影像中的误差，还能为水质参数反演等技术提供参考标准。通过将遥感技术和传统手段有机结合，工作人员能够更全面地了解湿地生态系统的特点，为生态保护提供更为详尽的信息支持。

例如，在一次湿地水质监测中，结合卫星影像和地面实测数据，建立了详细的水质模型。通过对比不同时间段的影像和实测数据，发现某些区域的水质参数发生了显著变化。经过进一步调查，确定是由于附近工厂排放的污水所致。这种方法不仅提高了监测结果的准确性，还为污染治理提供了科学依据，推动了地方政府加强环保监管力度。

地面实测还能帮助验证遥感影像分类的准确性。例如，在一次植被覆盖度估算任务中，通过实地调查，发现了某些区域的植被覆盖度被低估的问题。经过调整分类算法和增加训练样本，最终获得了更为准确的结果。这种方法不仅能提高监测精度，还积累了宝贵的经验和技术储备，为后续研究提供了有力支持。

（三）长期合作机制的建立

为了确保湿地遥感监测项目的可持续发展，建立长期稳定的合作机制尤为重要。例如，在青海湖流域湿地监测项目中，研究人员与国内外多家卫星运营商建立了长期合作关系，确保影像数据的及时更新。这种合作不仅涵盖了数据获取阶段，还包括技术支持和资源共享等多个方面。通过签订合作协议，明确了各方的权利和义务，确保了数据传输的安全性和稳定性。

具体来说，青海湖流域湿地监测项目组与美国地球观测系统数据中心（EOSDIS）签订了长期合作协议，确保能够及时获取Landsat系列卫星影像。还与中国资源卫星应用中心合作，定期获取高分系列卫星的最新影像。通过这种方式，不仅丰富了数据来源，还提高了监测的时效性和精度。合作协议中明确规定了双方的责任和义务，确保了数据传输的安全性和稳定性，为监测工作的顺利开展提供了坚实保障。

项目组还积极寻求与其他科研机构和社会组织的合作机会。例如，在一次国际湿地保护研讨会上，与来自多个国家的研究团队达成了合作协议，共同开展湿地监测研究和技术交流。通过这种方式，不仅引进了先进的技术和理念，还促进了国内外湿地保护经验的共享，为湿地遥感监测项目的长远发展奠定了坚实基础。

例如，在一次跨国湿地监测项目中，中国与欧盟联合实施了"欧洲湿地生态系统管理"项目，为多个国家提供了先进的遥感设备和数据分析工具。通过培训当地技术人员，确保他们能够独立完成湿地监测任务。这种可以提高了监测精度，还为科学研究和管理决策提供了丰富的信息支持。还与国际自然保护联盟（IUCN）合作，参与了多项全球湿地保护计划，分享了最新的研究成果和技术进展，提升了中国在全球湿地保护领域的话语权。

总之，长期合作机制的建立为湿地遥感监测项目的持续发展注入了新的动力。通过与国内外卫星运营商、科研机构和社会组织的广泛合作，不仅确保了数据的及时更新和技术支持，还促进了跨领域的知识交流和技术创新，推动了湿地保护事业的不断进步。

二、数据处理流程的优化与技术选择

（一）自动化预处理工具的应用

湿地遥感监测项目的数据处理流程优化是提高工作效率和确保数据质量的关

键。在江苏盐城滨海湿地监测项目中，开发了一套基于 Python 脚本的数据处理流水线，实现了从影像下载到初步分类的全流程自动化。这套工具集成了多种常用的遥感软件包，如 GDAL、ENVI 和 SNAP，可以自动完成辐射校正、几何校正、大气校正等一系列常规操作。通过这种方式，不仅大大缩短了数据处理周期，还减少了人为因素带来的误差，确保了每一步操作都符合要求。

具体而言，盐城滨海湿地项目组利用 Python 编写了一系列脚本，能够自动识别并下载来自不同卫星平台的影像数据，然后根据预设参数进行批量处理。例如，在一次大规模湿地资源普查中，利用这些脚本在短短几天内完成了对整个滨海地区的影像处理工作，大大提高了效率。项目组还引入了自动化质量控制模块，可以在每个处理步骤后自动检查输出结果，确保数据的一致性和准确性。

为了进一步提升数据处理能力，项目组还引入了云计算平台，特别是阿里云提供的高性能计算资源。通过分布式计算框架，可以同时处理多个任务，显著提高了工作效率。例如，在一次洪水灾害应急响应中，迅速调用了云计算资源，快速处理了大量高分辨率影像，及时为地方政府提供了准确的受灾情况评估。这种方法不仅降低了硬件成本，还为应对突发数据处理需求提供了灵活的解决方案，确保了湿地遥感监测项目的顺利实施。

云计算平台还支持弹性扩展，可以根据实际需要动态调整计算资源。例如，在一次长时间序列数据分析中，临时增加了更多的虚拟机实例，以加快数据处理速度。这种灵活性使项目组能够在短时间内完成复杂任务，而不必担心硬件资源不足的问题。这种方式不仅提高了工作效率，还节省了大量时间和成本。

总之，自动化预处理工具的应用和云计算平台的引入为湿地遥感监测项目带来了显著效益。通过集成多种遥感软件包和利用高性能计算资源，不仅提高了数据处理的速度和精度，还减少了人为干预，确保了数据处理的质量和一致性，为后续分析提供了坚实的基础。

（二）面向对象分类与光谱混合分解技术的结合

在湿地遥感监测的数据处理流程中，将面向对象分类与光谱混合分解技术相结合，展现了其独特的优势。以云南滇池湿地监测项目为例，首先采用多尺度分割技术，将遥感影像划分为多个同质对象区域，进而利用这些对象的光谱、纹理和形状等特征进行细致的分类。这种做法不仅提升了分类的准确性，而且有助于更精确地描绘湿地内部的结构特征，如新生植被的分布情况。通过精心调整分割参数，有效降低了噪声的影响，明确了地物边界，从而增强了分类效果。

在滇池湿地，地形多变，水域与陆地交错，植被类型丰富。面向对象分类技术能够有效地适应这种复杂的地理环境，通过不同尺度的分割，将影像划分为不同大小的对象，并结合光谱特征进行精确分类。例如，在植被覆盖度的评估中，通过优化分割参数，成功识别并量化了不同植被类型的地块，为湿地保护和管理提供了详尽的数据支持。

光谱混合分解技术在此项目中用于精确识别复杂地物类型。在滇池湿地的一次监测中，运用非线性光谱解混模型，并结合实地采集的纯端元光谱库，实现了对湿地内多种植被类型的细致分类。这种方法不仅能够区分光谱特性相似的地物，还能对各种成分的比例进行定量分析，如沉积物含量、藻类生长状况等。通过结合深度学习技术，如卷积神经网络（CNN），研究团队从众多特征中自动筛选出最佳特征组合，进一步提升了分类的精确度和效率。

光谱混合分解技术还在水质监测中发挥了重要作用。例如，在一次河流污染事件中，利用光谱解混技术分析了水体中的污染物成分。通过对比不同时间段的光谱数据，发现了某些特定污染物的异常增加，及时向环保部门发出预警。这种方法不仅提高了监测的敏感性，还为污染治理提供了科学依据，推动了地方政府加强环保监管力度。

总之，面向对象分类与光谱混合分解技术相结合，为湿地遥感监测提供了更加丰富和详细的信息支持。通过合理设置分割参数和引入先进的光谱分析方法，不仅提高了分类精度，还增强了对湿地生态系统内部结构及其变化的理解，为生态保护和管理决策提供了强有力的支持。

（三）时空动态分析与机器学习算法的集成

在湿地遥感监测项目的数据处理过程中，时空动态分析与机器学习算法的集成应用得到了充分的体现。特别是在云南抚仙湖湿地监测项目中，借助长时间序列的 MODIS 影像数据和高分辨率商业卫星影像资料，成功构建了湿地动态变化地图。该地图为用户提供了通过交互式界面浏览不同时期湿地分布状况的功能，用户能够直观地掌握湿地面积的缩减、植被退化等关键性变化。此外，通过动画演示、虚拟现实（VR）等创新技术手段，极大地提升了用户体验，使得湿地变化的过程更加生动、形象。

具体而言，抚仙湖湿地监测项目组通过整合多源遥感数据，建立了详细的时空数据库，记录了过去十年间湿地的变化情况。利用 GIS 平台开发了交互式地图展示系统，用户不仅可以查看静态的地图，还可以通过时间滑块实时浏览湿地随时间的变化过程。例如，在一次年度总结报告中，项目组展示了过去一年内湿地面积的变化趋势，通过动画形式直观呈现了各个季节的水位波动和植被生长状况。这种方法不仅提高了报告的可读性和吸引力，还增强了社会各界对湿地保护工作的关注和支持。

时空动态分析技术对于洞察湿地生态系统的内部结构及其随时间演变的规律具有重要作用。以三江平原湿地监测项目为例，借助多年累积的遥感影像数据，运用统计分析方法和机器学习技术，构建了湿地生态系统的变化模拟模型。该模型能够预测湿地的未来变化趋势，为制定湿地保护策略提供了科学依据。在分析过程中，采用随机森林算法对多年的 MODIS 影像进行了深入分析，并据此提出了具体的保护措施，如划定生态红线、实施生态修复等，有效减缓了生物多样性减少的趋势。

机器学习技术的运用显著增强了时空动态分析的能力。在黄河三角洲湿地植被覆盖度的研究中，通过比较多种机器学习算法的性能，最终选择了适应性强的支持向量机（SVM）模型，并对其进行了精细的参数优化。这种方法不仅提升了植被覆盖度估算的准确性，还为后续研究积累了重要的技术经验。同时，还采用了时间序列分析技术，如长短期记忆网络（LSTM），对湿地遥感影像进行了时序分析。LSTM 通过其特有的时间序列处理能力，成功地捕捉到了湿地植被覆盖度、水位等关键生态参数的动态变化，为区域水资源管理和生态保护提供了坚实的数据支持。

总之，时空动态分析与机器学习算法的集成不仅提升了湿地遥感监测的效果，还为科学研究和管理决策提供了直观有效的工具，促进了湿地保护工作的深入开展。通过构建详细的时空数据库和引入先进的机器学习算法，不仅能够更全面地理解湿地生态系统的动态变化，还能为未来的保护措施提供科学的预测和指导，确保湿地生态系统的可持续发展。

三、数据处理结果的校验与评估

（一）交叉验证方法的应用

湿地遥感监测项目的数据处理结果校验与评估是确保监测结果准确性和可靠性的关键环节。在云南抚仙湖湿地监测项目中，采用了交叉验证方法，确保分类结果的稳定性和准确性。具体做法是将整个研究区域随机划分为若干个子区域，一部分作为训练集用于模型训练，另一部分作为测试集用于模型验证。通过多次迭代，可以评估模型在不同子区域的表现，从而确定最合适的参数组合。这种方法不仅提高了分类精度，还避免了过拟合现象的发生，确保了模型的泛化能力。

具体而言，抚仙湖湿地面积广阔且地形复杂，包含湖泊、河流、沼泽和森林等多种生态系统。为了确保分类模型能够适应这种多样性，将研究区域划分成多个具有代表性的子区域。例如，在一次植被覆盖度估算任务中，使用随机森林算法对影像进行了分类，并通过交叉验证优化了模型参数。经过多轮迭代，最终选择了最优的参数组合，使得分类精度达到了 90% 以上。这种方法不仅提高了分类效果，还为后续分析提供了可靠的依据。

交叉验证还有助于发现潜在问题并进行调整优化。例如，在一次湿地水体质量监测中，利用光谱混合分解技术对水质参数进行了反演。然而，初步结果显示某些区域的悬浮颗粒浓度被低估。通过交叉验证，研究人员发现了这一问题，并调整了端元选择和解混算法，最终获得了更为准确的结果。这种方法不仅提高了监测精度，还积累了宝贵的经验和技术储备，为未来类似任务提供了参考。

交叉验证方法还在长期动态变化监测中发挥了重要作用。例如，在一次长达十年的湿地演变研究中，研究人员定期收集影像数据，并利用交叉验证评估不同时间点的分类结果。通过这种方式，不仅可以比较不同年份之间的变化趋势，还能评估模型随时间的稳定性。例如，研究人员发现某一年的分类结果与其他年份存在显著差异，经过检查发现是由于该年度发生了极端天气事件影响了地物特征。通过引入异常值处理机制，成功解决了这一问题，确保了长时间序列数据的一致性。

总之，交叉验证方法为湿地遥感监测项目的成功提供了重要保障。通过合理划分研究区域、优化模型参数以及发现和解决潜在问题，不仅提高了分类精度，还增强了模型的泛化能力和可靠性，为湿地保护和管理决策提供了科学依据。

（二）实地调查与遥感数据的融合验证

为了确保湿地遥感监测项目中数据处理结果的精确性，实地调查与遥感数据的综合验证是不可或缺的步骤。在四川若尔盖湿地监测计划中，在研究区域内布置了一系列的监测站点，定期对土壤、水质和植物样本进行采集和分析，以获取其物理和化学特性。通过将遥感数据分析结果与这些地面实测数据相结合，得以识别并修正遥感分类中的偏差，从而保障了监测数据的质量和可信度。例如，在评估湿地植被覆盖度的过程中，对照遥感图像解析结果与实地测量数据，发现部分区域的植被覆盖度被遥感图像低估。经过相应的数据校正，监测结果的准确性得到了显著提升。

具体来说，闽江口湿地是一个典型的河口湿地系统，拥有丰富的生物多样性和复杂的生态结构。为了确保遥感分类结果的准确性，设立了多个固定样方，分布在不同的生境类型中。例如，在红树林、芦苇丛和滩涂等区域分别设置了样方，定期采集土壤、水样和植被样本，进行详细的理化性质分析。这些实测数据不仅可以校正遥感影像中的误差，还能为水质参数反演等技术提供参考标准。

实地调查还为湿地制图提供了重要的补充信息。例如，在浙江杭州西溪国家湿地公园的监测项目中，通过实地调查与无人机航拍技术的结合，精确地获取了地形地貌及植被分布的详尽信息，为湿地制图提供了珍贵的参考资料。通过遥感技术与地面实测数据的综合应用，能够更全面地掌握湿地生态系统的特征，为制定科学合理的保护措施提供了坚实的数据支撑。例如，在一次湿地边界提取任务中，利用无人机搭载的激光雷达（LiDAR）传感器生成了高精度的数字地形模型（DTM），并与遥感影像相结合，精确识别出湿地边界和内部结构特征。这种方法不仅提高了制图精度，还为后续的生态保护规划提供了直观的数据支持。

实地调查还有助于发现遥感影像难以捕捉的地物特征。例如，在一次湿地鸟类栖息地监测中，通过实地观察，记录了不同季节鸟类活动的热点区域。这些信息无法仅凭遥感影像获得，但对理解鸟类栖息地的选择和保护至关重要。通过将这些实地调查结果与遥感影像相结合，研究人员可以更全面地评估湿地生态系统的健康状况，提出更加科学合理的保护建议。

总之，实地调查与遥感数据的融合验证是确保湿地遥感监测结果准确性和可靠性的关键环节。通过设立固定样方、采集实测数据、结合无人机航拍和激光雷达技术，研究人员不仅提高了监测结果的精度，还为湿地制图和生态保护提供了详尽的信息支持，推动了湿地保护工作的深入开展。

（三）公众参与与专家评审相结合

关于湿地遥感监测项目的数据处理结果，必须经过严格的校验与评估程序，这一过程需充分吸纳公众意见并结合专家评审意见。以上海崇明东滩湿地保护项目为例，地方政府携手科研机构及社会组织，共同制定了符合本地实际的湿地保护策略。通过开展系列培训班和宣传活动，向当地居民广泛传播湿地保护知识，积极动员并鼓励他们投身于湿地保护事业。此举不仅显著提升了公众的责任感和参与热情，而且促进了社会各方面的协同合作与互动，营造了积极向上的生态保护氛围。

具体而言，崇明东滩湿地是一个重要的候鸟迁徙驿站，每年吸引大量鸟类在此停留觅食。为了提高公众对湿地保护的认识和支持，当地政府和科研机构合作，开展了多次科普宣传活动。例如，在一次"爱鸟周"活动中，志愿者们带领市民参观湿地保护区，介绍鸟类的生活习性和保护意义。通过这种方式，不仅增强了公众的环保意识，还激发了他们参与保护行动的热情。许多市民表示愿意成为"湿地观察员"，定期上传观测到的鸟类活动照片和视频，为科学研究提供了宝贵的资料。

公众参与还为湿地保护带来了新的视角和创意。例如，在一次湿地恢复项目中，社区居民提出了利用废弃鱼塘建立小型湿地公园的建议。这个建议得到了政府和科研机构的支持，并最终实施。新建的小型湿地公园不仅改善了局部生态环境，还成了市民休闲娱乐的好去处，形成了人与自然和谐共处的良好局面。

专家评审是确保数据处理结果科学性和权威性的重要途径。例如，某次湿地恢复项目的评估，邀请了来自不同领域的专家组成评审小组，对湿地遥感监测结果进行了全面审查。专家们依据自身的专业知识和经验，提出了多项改进建议，包括优化分类标准、增加特定地物类型的识别等。通过吸纳专家意见，不断完善湿地遥感监测方法和技术，从而提升了制图结果的科学性和合理性。

专家评审还帮助解决了复杂的生态问题。例如，在一次湿地水质监测中，遇到了如何区分天然背景值和人类活动影响的难题。通过邀请环境科学、地理信息系统（GIS）、遥感技术和生态学等领域的专家进行评审，得到了宝贵的指导。专家建议采用时空动态分析结合机器学习算法的方法，最终成功解决了这一问题，确保了监测结果的科学性和可信度。

总之，公众参与与专家评审的结合为湿地遥感监测项目的成功注入了新的活力和技术支持。通过加强公众教育、鼓励社区参与和引入专家评审，不仅提高了监测结果的科学性和权威性，同时还促进了社会各界的合作与互动，形成良好的生态保护机制，推动了湿地保护事业的持续健康发展。

第七章 湿地遥感监测的信息提取与分析

第一节 湿地信息提取方法

一、基于遥感影像的湿地信息提取技术

(一) 多光谱影像分类技术的应用

在湿地资源的遥感监测方面，多光谱影像分析技术发挥了至关重要的作用，极大地增强了湿地信息提取的精确性。以江苏盐城滨海湿地为例，科研团队有效地利用了 Sentinel-2 卫星的多光谱影像数据，通过计算归一化水体指数（NDWI）、归一化差异植被指数（NDVI）等关键指标，成功地辨识了湿地中的水体、植被及其他地形特征。这些指标不仅揭示了湿地植被的生长状况，也映射了湿地生态系统的健康状态及其发展趋势。

具体来看，盐城滨海湿地是一个生态复杂、物种丰富的区域。科研团队利用定期更新的 Sentinel-2 影像，计算了相关指数，并构建了长期的监测框架。在一次极端气候事件发生后，通过对比灾害前后的影像数据，迅速定位了受影响的湿地区域，并发现部分植被因海水倒灌而遭受重创。这一发现及时为生态修复工作提供了精准的信息支持，显著提升了监测和应对的效率。

此外，多光谱影像分析技术还助力科研团队深入探究湿地植被的群落构成与空间分布。在辽宁红海滩湿地的研究中，结合多光谱影像与无人机提供的高分辨率影像，成功区分了碱蓬草群落与芦苇群落的分布界线。通过运用深度学习算法，如卷积神经网络（CNN），得以更精确地对湿地植被进行分类，揭示了湿地生态系统的内部结构及其变化趋势。

特别是在湿地植被覆盖度的评估中，利用深度学习模型对 MODIS 时序影像进行了深入分析。通过比较不同年份的影像数据，他们发现某些区域的植被覆盖度有显著降低，这可能是由人类活动或环境变迁所引起。这一发现为地方政府制定湿地保护政策提供了科学参考，并为湿地生态系统的持续管理提供了坚实的技

术支撑。

总而言之，多光谱影像分析技术在湿地信息提取方面展现了巨大的潜力和价值。通过计算多种生态指数并融合先进的机器学习算法，能够更准确地识别湿地地貌特征，更全面地掌握湿地生态系统的动态变化，为湿地资源的生态保护与管理决策提供了强大的技术保障。

（二）面向对象分类方法的实施

面向对象分类技术在湿地信息提取的舞台上，以其独到的优势脱颖而出。如广西壮族自治区漓江流域湿地监测项目，巧妙地运用了面向对象分类技术，借助多尺度分割技术，将遥感影像精心划分为多个具有同质性的对象区域。随后，他们依据每个对象的光谱特征、纹理细节以及形状轮廓等多元信息进行深入细致的分类。这一方法不仅显著提升了分类的精确度，更深刻地揭示了湿地内部结构的复杂性与多样性，例如，能够精准地勾勒出河岸带上植被斑块的分布格局。

在漓江流域湿地这一地形地貌多变、生态类型丰富的环境中，凭借面向对象分类技术，成功提升了分类的准确性。在植被覆盖度这一关键指标的评估任务中，他们运用了支持向量机（SVM）算法对影像数据进行了精确分类。通过不断调试面向对象分类的参数设置，优化了分类模型，历经多次试验，最终锁定了最佳的参数组合，使得分类精度攀升至90%以上，为后续的分析工作奠定了坚实的数据基石。

此外，面向对象分类技术还极大地促进了湿地管理的标准化与协同化进程。在珠江三角洲湿地网络监测项目中，不同地区的研究团队秉持统一的面向对象分类标准，确保了监测数据的无缝对接与高度一致，为跨区域的管理与决策提供了极大的便利。这种标准化的实践不仅大幅提升了管理效率，更激发了公众对湿地保护的热情与参与度，共同构筑起一道坚实的生态保护屏障。

例如，在漓江湿地恢复这一重大项目中，借助面向对象分类技术，精确描绘了湿地内部不同植被类型的空间分布，为恢复计划的科学制定提供了强有力的依据。统一的分类标准如同一座桥梁，连接起不同地区的管理部门，使他们能够紧密协作，共同推进湿地保护工作，形成了一套高效协同的生态保护机制。

综上所述，面向对象分类技术为湿地信息提取开辟了新的视野与技术路径，助力深入探索湿地生态系统的微妙变化。通过精心设计的分割参数与先进的分类算法，研究团队不仅显著提升了分类的精确度，更深化了对湿地内部结构及其动态演变规律的理解，为湿地生态保护与管理决策提供了坚实的技术支撑。

（三）时间序列分析的应用

时间序列分析如同一把钥匙，打开了湿地监测的奥秘之门。如黑龙江省三江平原湿地的监测项目，精心构建了一个时间序列影像数据库，巧妙结合 GIS 与三维建模技术，生动呈现了湿地动态变化的壮丽图景。用户只需轻点鼠标，便可通过交互式界面，穿越时空的界限，直观感受湿地面积的消长与植被的兴衰更迭。

三江平原湿地，这片典型的寒带湿地生态系统，其生物多样性的丰富程度与生态功能的重要性备受瞩目。项目依托长时间序列的遥感影像，巧妙融合统计分析方法与机器学习技术，精心构建了湿地生态系统的变化模型。这一模型如同一位智慧的预言家，精准预测了湿地未来的变化趋势，为湿地的保护与管理提供了科学的指引与参考。

时间序列分析更如同一面镜子，映照出湿地生态系统时空变化的斑斓画卷。在甘肃敦煌西湖湿地监测项目中，充分利用长时间序列数据，深入剖析了湿地水位的季节性波动与年际变化规律。这些宝贵的分析结果如同灯塔，照亮了湿地水资源管理与生态恢复的道路，为相关工作的顺利开展提供了不可或缺的信息支持。

例如，在敦煌西湖湿地水资源管理这一重要项目中，借助时间序列分析这一利器，敏锐捕捉到了湿地水位的周期性波动规律，并结合气候数据，精心构建了水资源预测模型。这一方法不仅显著提升了监测的精确度，更为水资源的合理利用与生态保护提供了坚实的科学依据，有力推动了湿地保护工作的深入实施。

时间序列分析在湿地遥感监测中发挥着举足轻重的作用。通过构建详尽的时空数据库与运用先进的分析技术，得以全面洞悉湿地生态系统的动态变化，为湿地的长期保护与可持续发展提供了科学的预测与指导，为湿地保护事业注入了新的活力与希望。

二、多源数据融合在湿地信息提取中的应用

（一）光学与雷达影像的融合

多源数据融合技术在湿地信息提取中扮演着关键角色，通过整合不同来源的

数据，能够提供更全面和准确的环境监测结果。例如，在上海崇明东滩湿地的监测项目中，将光学遥感影像与合成孔径雷达（SAR）影像相结合，以实现对湿地生态环境变化的精细化监测。

崇明东滩湿地作为重要的候鸟迁徙中途站，其水体面积和水位变化对于维护生物多样性至关重要。然而，该地区经常遭遇云雾天气，这给传统的光学影像监测带来了挑战。为此，引入了SAR影像，这种技术因其不受天气条件影响的特点，能够在任何时间获取高质量的地表信息。通过分析SAR影像中的回波特征，可以有效地识别出水体边界，从而精确测量水体覆盖面积。

同时，光学影像凭借其丰富的色彩和纹理信息，为研究团队提供了关于植被分布和水位变化的详细解析。特别是在一次台风过后的紧急响应中，利用光学影像清晰地观察到了植被受损情况，并结合SAR影像对比受灾前后的地表状况，快速锁定了新增的淹没区域。这些信息为地方政府制定有效的灾害应对策略提供了重要支持，确保了湿地生态系统的及时保护和恢复。

具体来说，盐城滨海湿地地处沿海，经常受到台风和暴雨的影响，传统的光学影像在这种情况下难以获取有效数据。为此，引入了SAR影像进行补充。SAR影像能够穿透云层，即使在恶劣天气条件下也能提供稳定的观测结果。例如，在一次强台风过后，SAR影像清晰地显示了湿地内新增的淹没区域，而同期的光学影像由于云层遮挡无法提供有效信息。结合SAR影像提供的水体边界和光学影像的地物特征，能够准确评估洪水影响范围，并为地方政府制定救灾措施提供了科学依据。

光学与雷达影像的集成技术在揭示湿地水文循环的关键机制方面发挥了重要作用。鄱阳湖湿地监测项目，借助Landsat影像的长期序列数据以及无人机航拍影像，精确记录了湖泊水位的季节性波动。通过构建水文模型，实现了对水位未来变化趋势的预测，为水资源的科学管理和生态保护提供了理论支撑。该方法不仅增强了对湿地水文动态变化的洞察力，而且能够为应对极端气候事件提供预警，从而保障湿地生态系统的稳定性和可持续性。

具体而言，鄱阳湖是中国最大的淡水湖之一，其水位受季节性降雨和长江水位的影响显著。研究人员通过长期收集的Landsat影像和高分辨率无人机影像，构建了详细的水文时间序列数据库。利用这些数据，建立了基于机器学习的水文预测模型，可以提前数周预测水位变化。这一模型在2023年的洪水预警中发挥了重要作用，及时向地方政府发出了警报，减少了灾害损失。通过光学与雷达影像的融合，不仅提高了监测精度，还增强了对湿地水文变化的预测能力，为水资源管理提供了有力支持。

总之，光学与雷达影像的融合为湿地信息提取提供了强大的技术支持。通过综合利用这两种影像的优势，不仅能够在复杂气象条件下获取稳定的数据，还能更深入地理解湿地水文循环机制，为湿地保护和管理提供了科学依据。这种融合技术的应用，不仅提高了监测效率，还为应对极端气候事件提供了预警信息，确保了湿地生态系统的稳定性和可持续性。

（二）地面实测数据与遥感数据的融合

在湿地信息提取的过程中，地面实测数据与遥感数据的融合至关重要。这种结合不仅提高了监测结果的准确性和可靠性，还为湿地保护提供了详尽的信息支持。福建闽江河口湿地，是一个重要的生态过渡区，拥有丰富的生物多样性和复杂的生态系统结构。

为了更好地理解和管理这一区域，采取了多管齐下的方法。在关键生境类型中设立了多个固定样方，包括红树林、盐沼和浅滩等，定期采集土壤样本、水样以及植被样本，并进行详细的理化性质分析。这些地面实测数据为校正遥感影像中的分类误差提供了宝贵的标准，同时也有助于验证遥感技术对水质参数反演的准确性。

例如，在一次针对湿地水质富营养化的专项研究中，通过对比遥感影像与地面实测数据，发现了某些特定区域存在明显的水质异常。进一步调查表明，这可能是由于上游农业活动带来的污染所致。基于此发现，研究团队能够向相关部门提供科学依据，推动更严格的污染控制措施。

此外，地面实测数据还在湿地制图方面发挥了重要作用。在闽江河口湿地项目中，结合实地考察和无人机航拍技术，获得了高分辨率的地形地貌和植被分布信息。特别是在一次湿地边界识别任务中，利用无人机搭载的激光雷达（LiDAR）传感器生成的数字地形模型（DTM），并与遥感影像相结合，精确地描绘出了湿地边界及其内部结构特征。这种方法不仅提高了制图精度，还为后续的生态保护规划提供了直观的数据支持。

鸟类栖息地监测是另一个体现地面实测数据价值的例子。通过实地观察记录不同季节鸟类活动的热点区域,这些信息补充了遥感影像无法捕捉到的细节,对于理解鸟类栖息地选择及保护策略制定具有重要意义。将这些实地调查结果与遥感影像相结合,可以更全面地评估湿地生态系统的健康状况,提出更加科学合理的保护建议。

地面实测数据与遥感数据的融合为湿地信息提取提供了新的视角和技术手段。在闽江河口湿地案例中,通过设立固定样方、采集实测数据、结合无人机航拍和激光雷达技术,不仅提升了监测结果的精度,还为湿地制图和生态保护提供了详尽的信息支持,从而促进了湿地生态系统的可持续发展。

(三) 多源数据的集成与协同分析

在湿地信息提取过程中,多源数据的集成与协同分析是提升监测结果准确性的有效途径。以黄河三角洲湿地为例,这是一个典型的河流入海口湿地系统,其环境复杂且动态变化频繁。为了全面掌握该地区的时空变化规律,采用了长时间序列的 Landsat 影像、无人机航拍影像以及地面实测数据,构建了一个多层次、多时相的湿地空间数据库。

在详细的研究过程中,首先对收集到的大量数据执行了一系列的预处理步骤,这些步骤包括辐射校正、几何校正以及大气校正等,目的是确保数据的准确性和一致性。这些经过精心校正的数据为后续的分析和处理提供了坚实的基础。紧接着,研究人员利用功能强大的地理信息系统(GIS)软件,将不同来源的影像数据进行叠加和融合处理,最终成功地生成了具有高分辨率的湿地综合地图。这一地图不仅详细展示了湿地的地理特征,还包含了丰富的生态信息。

为了进一步提升用户体验,基于 GIS 平台开发了一个交互式的地图展示系统。这个系统不仅允许用户查看静态的地图图像,还提供了一个时间滑块功能,用户可以通过这个功能实时地观察和分析湿地随时间推移而发生的变化。例如,在一份年度总结报告中,项目组利用这一系统展示了过去一年中湿地面积的变化趋势。通过精心制作的动画,报告直观地呈现了不同季节中水位的波动情况以及植被的生长状态,这些生动的视觉效果极大提升了报告的可读性和吸引力。此外,这种直观的展示方式也有效地提高了公众对湿地保护工作重要性的认识,从而促进了社会各界对湿地保护工作的关注和支持。

多源数据的集成对湿地变化检测提供了有力支持。例如,在黄河三角洲湿地长期监测项目中，借助长时间序列的 Landsat 影像与高分辨率商业卫星影像，实现了对湿地面积的扩张或缩减、植被覆盖度变化等现象的动态监测。通过融合机器学习算法，如随机森林和支持向量机（SVM），从大量影像数据中自动提取变化信息，显著提升了变化检测的精确度与效率。该方法不仅能够迅速捕捉湿地变化趋势，还能为湿地的管理与保护提供及时的预警和决策支持。

特别值得一提的是，在一次针对湿地水质进行监测的案例中，巧妙地结合了长时间序列的影像数据和地面实际测量的数据，成功地建立了一个湿地水质模拟模型。通过细致地对比分析不同时间段内的水质参数变化情况，还意外发现了某些特定污染物浓度的异常增加现象，并及时向环保部门发出预警信号。这种方法不仅显著提高了水质监测的敏感性和准确性，而且为污染治理提供了有力的科学依据。这进一步促使地方政府更加重视环保工作，加强了环保监管的力度，从而在更大范围内保障了生态环境的安全。

总之，多源数据的集成与协同分析为湿地遥感监测提供了强大的技术支持。在黄河三角洲湿地项目中，通过构建详细的时空数据库和引入先进的分析算法，不仅能够更全面地理解湿地生态系统的动态变化，还可以确保湿地生态系统的可持续发展。这种集成技术的应用，不仅提升了监测结果的准确性和可靠性，还为湿地保护和管理提供了强有力的支撑，促进了湿地生态系统的健康发展。

三、湿地信息提取结果的验证与评估

（一）实地验证的重要性

湿地信息提取结果的准确性依赖于实地验证，这是确保监测数据真实性和可靠性的关键步骤。在安徽升金湖国家级自然保护区的监测项目中，通过设立多个固定样方，定期采集土壤、水样和植被样本，并进行详细的理化性质分析。这些样方分布在不同的生态区内，如湖泊边缘、沼泽地以及周边的农田，以确保覆盖各种类型的湿地环境。

例如，在一次湿地植被覆盖度估算任务中，发现遥感影像会低估某些区域的植被覆盖度。经过与地面实测数据对比分析后，调整了分类模型，从而获得了更为精确的结果。这种方法不仅提高了分类精度，还为地方政府提供了科学依据，支持制定更加有效的湿地保护政策。

此外，实地验证对于湿地制图同样重要。在升金湖湿地边界识别过程中，结合无人机航拍技术和激光雷达（LiDAR）生成的高精度数字地形模型（DTM），并与遥感影像相结合，精确描绘出湿地边界及其内部结构特征。这种方法不仅提升了制图的准确性，也为后续的生态保护规划提供了直观的数据支持。

升金湖还是众多候鸟的重要栖息地。通过实地观察记录不同季节鸟类活动的热点区域，捕捉到了遥感影像难以反映的地物特征。这些信息对于理解鸟类栖息地选择及保护策略至关重要，也使得监测结果更具可靠性和完整性，为未来的湿地保护工作提供了详尽的信息支持。

（二）专家评审的作用

在湿地信息提取结果的验证与评估过程中，专家评审起着至关重要的作用。以云南大理洱海流域的监测项目为例，特别邀请了来自环境科学、地理信息系统（GIS）、遥感技术、生态学等多个相关领域的专家，组成了一个专业的评审小组。这些专家利用他们的专业知识和经验，对湿地信息提取的结果进行了全面而深入的审查。

洱海作为中国著名的高原淡水湖之一，其生态环境的复杂性和多变性是众所周知的。为了确保监测项目所得到的结果具有科学性和权威性，评审小组的专家提出了许多宝贵的改进建议。这些建议包括但不限于优化分类标准、引入新的算法模型等。特别是针对洱海水质变化这一关键问题，专家们提出了采用时空动态分析结合机器学习的方法，以区分天然背景值与人类活动对水质变化的影响。研究人员在吸收并实施了这些建议之后，成功地解决了一些棘手的问题，从而大大提高了监测结果的科学性和可信度。

除专家评审外，公众参与也是提高湿地信息提取透明度和公信力的关键环节。在地方政府的积极组织下，已经举办了多次公众开放日活动。在这些活动中，市民们不仅有机会参观展示湿地信息提取成果的展览，还可以提出自己的意见和建议。这种互动方式不仅加深了公众对湿地保护重要性的认识和理解，增强了他们对湿地保护工作的支持，而且还帮助专业人员发现了可能被忽视的问题，进一步完善了监测方法和技术。

（三）长期监测与反馈机制的建立

构建长效的监测与反馈机制，是保障湿地信息提取成果持续优化的关键所在。以海南东寨港国家级自然保护区监测项目为例,科研人员精心构筑了长期稳定的基础观测站点,不断搜集对比数据,旨在对湿地信息提取成果进行验证与更新。通过周期性地执行交叉验证实验,即利用新老数据进行相互校验,能够及时发现并纠正潜在的时间漂移问题,从而提升数据的长期可靠性。此种方法不仅确保了湿地信息提取成果的精确性,更为湿地资源的科学管理和可持续发展奠定了坚实基础。

具体来说,东寨港湿地是一个典型的热带滨海湿地系统,拥有丰富的生物多样性和复杂的生态结构。为了确保信息提取结果的长期稳定性和可靠性,建立了多个长期稳定的地面观测站点,分布在不同的生态系统类型中。这些站点不仅用于定期采集土壤、水样和植被样本,还用于记录生物多样性和环境变化情况。利用长时间序列的实测数据,能够验证和更新遥感影像分类结果,确保数据的一致性和可靠性。例如,在一次湿地植被覆盖度估算任务中,通过对比多年来的实测数据与遥感影像,发现了某些区域的植被覆盖度随时间发生了显著变化,经过调整分类模型,最终获得了更准确的结果。

建立长期监测与反馈机制,对促进湿地信息提取技术的不断创新和完善具有重要意义。例如,在广西北海银滩湿地监测项目中,研究人员积极地将最新的研究成果和技术手段融入湿地信息提取的过程中,不断地对方法进行优化和升级。他们通过引入先进的传感器技术,比如激光雷达(LiDAR),以及采用深度学习算法,能够更加精确地捕捉到湿地内部的复杂结构以及那些微小但重要的变化。长期的监测与反馈机制不仅为湿地信息提取提供了坚实可靠的数据支持,而且也推动了相关技术的持续发展和广泛应用,从而为湿地保护工作注入了新的活力,增强了保护工作的科学性和有效性。

长期监测与反馈机制还在应对极端气候事件中发挥了重要作用。例如,在一次洪水灾害监测中,通过长期监测数据,迅速识别出了新增的淹没区,并为应急响应提供了宝贵的信息。这种方法不仅提高了监测效率,还为地方政府制定救灾措施提供了科学依据。结合历史数据和实时监测结果,能够更准确地预测未来的气候变化趋势,提前采取预防措施,减少灾害损失。这种方法不仅提高了监测的敏感性和准确性,还为应对极端气候事件提供了有力支持。

总之,长期监测与反馈机制是确保湿地信息提取结果持续改进的有效途径。通过建立长期稳定的地面观测站点,持续收集对照数据,不仅提高了信息提取结果的准确性和可靠性,还为湿地资源管理和可持续发展提供了科学依据。长期监测与反馈机制的建立,不仅推动了湿地信息提取技术的不断创新和完善,还为湿地保护工作注入了新的活力和技术支持,促进了湿地生态系统的健康发展。

第二节 数据分析与结果解释

一、湿地数据的空间分析与可视化

(一)地理信息系统(GIS)在湿地空间分析中的应用

地理信息系统(GIS)构成了湿地空间分析与可视化的核心技术。以云南滇池湿地监测项目为例,研究者们借助 ArcGIS 平台,整合了长期序列的 Landsat 卫星影像与高分辨率无人机航拍影像,从而建立了详尽的湿地空间数据库。通过融合多种地理信息层次,包括地形、土壤类型、土地利用等,研究者们能够全面评估湿地的环境特征及其演变。此方法不仅提升了湿地分类的精确度,而且有助于深入理解湿地与其他自然要素之间的相互关系。例如,在某次湿地恢复项目规划中,研究者通过 GIS 分析,确定了最适合进行植被恢复的区域,确保了资源的高效利用。

此外,GIS 技术还推动了跨区域湿地管理的一致性与协调性。以长江三角洲湿地联合监测项目为例,不同行政区域间的湿地分类标准得到了统一,确保了政策执行的连贯性和有效性。这种方法使得各地方政府能够在统一的框架内开展湿地保护工作,避免了因分类标准不一导致的管理混乱。同时,它也为公众参与湿地保护提供了明确的指导,增强了社会对湿地保护的责任感与支持度。综上所述,GIS 为空间数据分析提供了强大的技术支持,为湿地保护工作注入了新的活力与技术支撑。

(二)三维建模技术提升湿地空间表达能力

三维建模技术显著提升了湿地空间表达的能力。例如,在海南东寨港国家级自然保护区监测项目中,利用激光雷达(LiDAR)数据和多源遥感影像,构建了湿地的三维模型。这种模型不仅能够直观展示湿地的地貌特征,如河漫滩、湖泊和沼泽等地形,还能详细描述植被覆盖度和水体分布情况。通过三维可视化界面，用户可以全方位浏览湿地景观，深入了解其内部结构和动态变化。例如，在一次洪水事件后，通过对比三维模型前后的情况，迅速识别出新增的淹没区，并为应急响应提供了宝贵的信息。

三维建模技术还为湿地保护规划提供了科学依据。例如，在广东珠江口湿地保护项目中，当地政府利用三维模型评估了不同开发方案对湿地生态系统的影响，选择了最优方案以最大限度地减少生态破坏。这种方法不仅提高了规划的科学性和合理性，还增强了社会各界对湿地保护工作的认同和支持。总之，三维建模技术为湿地空间分析和可视化提供了新的视角和技术手段，有助于深入研究湿地生态系统的动态演变。

（三）空间插值方法优化湿地参数预测

空间插值方法在优化湿地参数预测方面发挥了重要作用。例如，在江西鄱阳湖湿地监测项目中，利用 Kriging 插值法，基于有限的地面实测点，预测了整个湖区的水质参数分布情况。这种方法不仅提高了预测精度，还能揭示潜在的污染热点区域，为水质管理和生态保护提供指导。以蓝藻暴发事件的监测为例，通过对正常年份与蓝藻暴发期间水质参数的反演结果进行对比分析，迅速识别出水质恶化的征兆，为相关管理部门采取紧急应对措施提供了科学依据。

空间插值技术亦在湿地保护策略的制定中发挥了重要作用。以青海湖流域湿地监测项目为例，整合了长期序列的 MODIS 影像数据与地面实测数据，运用统计分析及机器学习算法，构建了湿地生态系统模拟模型。该模型通过预测未来可能的变化情景，为湿地保护规划提供了具有前瞻性的指导。此方法不仅加深了对湿地资源动态变化的认识，还能够为应对极端气候事件提供预警信息，确保湿地生态系统的稳定性和可持续性。综上所述，空间插值技术为湿地数据的空间分析与可视化提供了关键的技术支撑。

二、湿地数据的时间序列分析与趋势预测

（一）时间序列分析捕捉湿地动态变化

时间序列分析掌握了湿地动态变化的关键技术。以湖南洞庭湖湿地监测项目为例，借助长时间序列的 MODIS 影像及高分辨率商业卫星影像，构建了湿地面

积变化的时间序列模型。通过对比分析不同时间段的影像数据，能够精准捕捉湿地面积的变动趋势，如湖泊缩小、河漫滩扩张等现象。此外，项目还引入了光谱混合分解技术和面向对象分类方法，实现了对湿地内多种植被类型的精确分类，从而进一步提升了监测的精确度。

时间序列分析亦有助于揭示湿地资源随时间的变化规律。内蒙古高原湿地监测项目，运用长时间序列影像数据，结合统计分析与机器学习算法，构建了湿地资源模拟模型，为湿地保护规划提供了前瞻性指导。此种方法不仅加深了对湿地资源动态变化的理解，还确保湿地生态系统的稳定性和可持续性。综上所述，时间序列分析为湿地动态变化提供了科学依据和技术支撑，有助于实现湿地生态系统的可持续发展。

（二）趋势预测指导湿地保护策略调整

趋势预测在指导湿地保护策略调整方面具有重要意义。例如，在浙江千岛湖湿地监测项目中，利用时间序列分析的结果，结合机器学习算法，建立了湿地面积和植被覆盖度的预测模型。通过这些模型，可以预测未来数年内湿地面积和植被覆盖度的变化趋势，为湿地保护规划提供了科学依据。例如，在一次湿地恢复项目的规划中，根据预测结果，提出了针对性的保护建议。如建立缓冲区、限制开发活动等，有效缓解了生物多样性下降的压力。

趋势预测技术对于揭示湿地生态系统内部水分循环的关键机制具有重要作用。黑龙江扎龙国家级自然保护区的监测项目，通过应用长时间序列的Landsat影像和无人机航拍影像，并结合能量平衡模型，对湿地内植被的蒸腾作用和土壤的蒸发过程进行了详尽的记录。通过构建蒸发蒸腾量的模拟模型，能够预测未来可能出现的变化情景，从而为湿地保护规划提供了具有前瞻性的指导。综上所述，趋势预测为湿地保护工作引入了新的视角和科技手段，有助于深化对湿地生态系统动态变化的理解，并推动其可持续发展。

（三）长期监测数据支撑湿地管理决策

长期监测数据是支撑湿地管理决策的重要基础。例如，在福建闽江口湿地监测项目中，建立了长达十年的湿地监测数据库，涵盖了湿地面积、植被覆盖度、水质参数等多个方面的信息。经由时间序列分析对所采集数据进行深入研究，能够揭示并修正潜在的分类误差,从而保障监测数据的真实性和可靠性。例如,在进行湿地植被覆盖度评估的过程中,通过比对遥感影像数据与实地测量数据,识别出特定区域植被覆盖度的低估现象,并在调整后得到了更为精确的评估结果。

长期监测数据还为湿地管理提供了丰富的信息支持。例如,在江苏盐城滨海湿地保护项目中,利用长期监测数据评估了不同保护措施的效果,并据此调整了未来的保护策略。通过这种方式,不仅提高了湿地管理的效率和准确性,还为应对突发环境事件提供了有力支持。总之,长期监测数据为湿地管理决策提供了科学依据和技术支持,有助于实现湿地生态系统的可持续发展。

三、湿地数据的多尺度分析与综合评估

(一)多尺度分析揭示湿地内部结构

多尺度分析方法在揭示湿地内部结构和其复杂性方面发挥了关键作用。四川若尔盖湿地国家级自然保护区,采用了从全局到局部、从整体到细节的多层次监测策略,分别对湿地的宏观格局、中观生态单元以及微观植物群落进行了深入分析。结合多源遥感数据和地面实测数据,对湿地生态系统的整体状况和未来趋势进行了综合评价。这种多尺度视角不仅提升了监测的全面性,也为科研工作和管理决策提供了详尽的信息基础。通过这种分析,能够更好地理解湿地生态系统的空间异质性和时间动态性,从而为湿地的保护和管理提供了科学依据。

多尺度分析还推动了不同学科间的融合与交流。在山东黄河三角洲湿地监测项目中,生态学家、GIS专家、遥感科学家和水利工程师等多领域专家共同参与,共同探索湿地保护与恢复的创新策略。通过跨学科合作,项目团队综合运用了各自的专业知识和技术,实现了对湿地生态系统的立体监测和深入分析。综上所述,多尺度分析为湿地遥感监测带来了新的研究视角和技术路径,极大地促进了对湿地生态系统复杂性和动态变化的理解。这种分析方法不仅提高了研究的精确度,还为制定有效的湿地保护政策和实施可持续管理提供了有力支持。

(二)全面评估助力湿地保护决策的精准化

全面评估对于提高湿地保护决策的精准性至关重要。以江西鄱阳湖国家级自然保护区为例,基于多尺度分析成果,结合生态经济学理论,对湿地生态系统服

务进行了价值评估。量化湿地提供的各项服务，包括水源涵养、碳储存、生物多样性支持等，为保护决策提供了直观的经济和环境价值依据。在一场湿地恢复项目的评估中，基于评估结果，提出了具体的保护措施，如实施生态补水、控制污染源等，有效减缓了对生物多样性的威胁。

全面评估工作不仅限于对湿地生态服务价值的量化，它还涉及对湿地生态系统内部复杂过程的深入理解。例如，在对湿地的水分循环进行评估时，通过长期的 Landsat 影像和无人机数据，结合水文模型，详细分析了湿地水分的蒸发和植被的蒸腾作用。通过构建水分循环模拟模型，预测了湿地水资源的未来变化，为湿地保护和管理提供了科学的预测。这些评估结果不仅为湿地保护提供了科学依据，还为政策制定者和管理者提供了决策支持，可以帮助制定出更加精准和有效的保护措施。

全面评估还揭示了湿地生态系统内部水分循环的关键过程。在内蒙古呼伦湖湿地监测项目中，利用长期 Landsat 影像和无人机数据，结合水文模型，详细地分析了湿地水分的蒸发和植被的蒸腾作用。通过构建水分循环模拟模型，预测湿地水资源的未来变化，为湿地保护和管理提供了科学的预测。

（三）跨层级合作推动湿地保护工作的深入实施

跨层级合作是推动湿地保护工作深入实施的关键途径。在河北白洋淀湿地保护项目中，地方政府、科研机构、企业和社会团体等多方力量联合，共同制定了湿地保护与恢复的综合性策略。通过开展教育和社区参与活动，提升了公众对湿地保护的认知和参与度，增强了社区对湿地保护的认同感。这种合作模式不仅提高了公众的参与热情，还促进了不同利益相关者之间的交流与合作，为湿地保护营造了良好的社会环境。

跨层级合作还促进了湿地保护工作的多元化发展。在浙江西溪湿地保护项目中，政府、学术界、企业和社会组织共同构建了湿地保护网络，定期举办论坛和工作坊，分享保护经验和实践案例。这种合作机制不仅引入了创新技术和理念，还推动了国内外湿地保护经验的交流，为湿地保护工作带来了新的动力。总体而言，跨层级合作为湿地保护提供了多元化的支持，有助于实现湿地生态系统的长期可持续发展。

第八章　湿地遥感监测的应用案例

第一节　湿地资源调查应用案例

一、全国湿地资源调查的遥感监测方案

（一）多源数据融合构建综合数据库

在全国湿地资源调查中，研究人员通过整合多源遥感数据和地面实测数据，构建了一个全面且详细的湿地空间数据库。例如，在 2023 年的全国湿地资源普查项目中，利用了 Landsat 9 OLI/TIRS、Sentinel-2 MSI 以及高分辨率商业卫星影像，确保覆盖全国范围内的湿地资源。这些影像提供了从宏观到微观不同尺度的信息，有助于识别湿地类型、分布及其动态变化。同时，结合无人机航拍和实地调查获取的高精度地形地貌和植被分布信息，进一步丰富了数据库的内容。这种方法不仅提高了湿地分类的准确性，还为后续分析提供了坚实的数据基础。

为了应对不同区域复杂的环境条件，调查还引入了合成孔径雷达（SAR）影像。在东北地区，由于云层遮挡频繁，传统的光学影像难以获取有效数据。SAR 影像可以穿透云层，实现全天候的数据采集，确保了湿地监测工作的连续性和稳定性。通过将光学影像与 SAR 影像相结合，可以更全面地捕捉湿地内部结构及其随时间的变化规律。例如，在一次洪水事件后，通过对比 SAR 影像和光学影像，迅速识别出新增的淹没区，并为应急响应提供了宝贵的信息。这种方法不仅提升了数据的质量，还增强了湿地监测的效果。

（二）定制化分类标准确保结果一致性

为了确保全国湿地资源调查的结果具有一致性和可比性，需制定严格的分类标准和技术规范。例如，在内蒙古高原湿地监测项目中，针对当地特有的沼泽湿地、河流湿地和湖泊湿地等不同类型，制定了详细的分类规则。通过多次专家咨询和现场验证，确定了适合本地特点的分类指标体系，如植被覆盖度、水体边界

等。通过引入机器学习算法,如随机森林和支持向量机(SVM),能从大量候选特征中自动筛选出最优特征子集,进一步提高分类性能。

为保证分类标准的一致性,需建立统一的数据处理流程。例如,在云南抚仙湖湿地监测项目中,所有参与单位都遵循相同的操作指南,确保每一步操作都符合要求。通过这种方式,不仅可以减少人为因素带来的误差,还能确保不同区域之间的数据具有可比性。这种方法不仅提高了工作效率,还促进了跨区域合作和社会参与,形成了良好的生态保护氛围。总之,定制化分类标准为全国湿地资源调查提供科学依据和技术支持,有助于深入研究湿地生态系统的动态演变。

(三)自动化处理工具提升工作效率

在全国范围内进行的湿地资源调查工作中,开发并应用了一系列高效的自动化处理工具,这些工具极大地提高了工作效率。以浙江千岛湖湿地监测项目为例,精心设计并实现了一套基于 Python 编程语言的数据处理流水线,这套流水线能够自动化地完成从影像数据的下载到初步分类的整个处理流程。该工具集成了多种广泛使用的遥感处理软件包,包括但不限于 GDAL、ENVI 以及 SNAP,这些软件包能够自动执行包括辐射校正、几何校正、大气校正在内的多种常规处理步骤。通过这种方式,数据处理的时间周期得到了显著缩短,同时,由于减少了人工操作,人为错误的可能性也相应降低,从而确保了数据处理的每一步骤都能够精确地符合既定的技术要求。

云计算平台的应用也进一步提升了数据处理能力。例如,在一次大规模湿地资源普查中,利用阿里云提供的高性能计算资源,实现了海量影像数据的快速处理。通过分布式计算框架,可以同时处理多个任务,显著提高了工作效率。这种方法降低了硬件成本,还为应对突发数据处理需求提供了解决方案,确保了湿地遥感监测项目的顺利实施。总之,自动化处理工具和云计算平台的应用为全国湿地资源调查注入了新的活力和技术支持,推动了湿地保护工作的开展。

二、区域湿地资源调查的遥感监测实践

(一)环渤海湿地生态系统综合监测案例

在环渤海湿地生态系统综合监测项目中,巧妙地融合了多源、多时相的遥感

数据，构建了一个全面且动态的湿地信息数据库。不仅利用了 Landsat 系列卫星的长时间序列影像，还结合高分辨率的商业卫星图像，深入分析了湿地生态系统的时空演变规律，例如湿地面积的增减、植被覆盖度的变化等。通过严格的数据预处理流程，包括辐射校正、几何校正和大气校正，确保了数据质量的一致性和可靠性。随后，借助地理信息系统（GIS）的强大功能，实现了影像数据的叠加与融合，生成了高精度、高分辨率的湿地综合地图，为湿地资源的科学管理和保护提供了直观且详尽的信息支持。

此外，该项目还特别聚焦于湿地水文循环的深入研究。利用无人机航拍和地面观测数据，详细记录了环渤海地区湿地水位的季节性变化特征，并通过构建复杂的水文模型，成功预测了未来水位的变化趋势。这一成果不仅加深了我们对湿地水文动态的理解，也为应对极端气候事件、保障湿地生态系统稳定性提供了宝贵的预警信息。此外，还开发了先进的遥感监测技术，以实时跟踪和评估湿地的健康状况，确保了湿地生态系统的可持续发展。

（二）洞庭湖湿地环境监测中的技术革新

在湖南洞庭湖湿地环境监测项目中，采取了一种创新性的方法，将地面实测与遥感技术相结合，从而实现了对湿地环境变化的精准监测。精心设立了多个固定监测站点，这些站点分布在湿地的关键区域，以确保数据的代表性。在这些站点定期采集土壤、水样和植被样本，通过实验室分析获取其理化性质和污染物含量等关键数据。这些数据为理解湿地环境提供了重要的科学依据。同时，还将遥感影像分类结果与地面实测数据进行对比验证，通过这种交叉验证的方法，有效纠正了潜在的分类误差，确保监测结果的准确性和可靠性。例如，在一次湿地植被覆盖度评估中，通过地面实测数据的校正，研究人员成功识别并修正了遥感影像中植被覆盖度被低估的区域，从而获得了更为精确的监测结果。

此外，该项目还积极引入了最新的遥感传感器和算法技术，如激光雷达（LiDAR）和高光谱成像技术，以捕捉湿地内部结构的细微变化。激光雷达技术能够提供高精度的三维地形数据，而高光谱成像技术则能够捕捉到地物的详细光谱信息，这些技术的应用使得研究人员能够更深入地了解湿地的生态状况。通过应用深度学习算法，如卷积神经网络（CNN），能够自动从海量数据中筛选出最优特征子集，进一步提升分类精度和效率。这些技术革新不仅提高了湿地信息提取的精度和速度,也为湿地环境保护和治理提供了强有力的决策支持,有助于制定更为科学合理的湿地保护措施。

(三) 黄河流域湿地资源动态监测的创新实践

在黄河流域湿地资源动态监测项目中,采用了先进的面向对象分类方法,通过多尺度分割技术将遥感影像划分为多个具有同质性的对象区域,并依据对象的光谱、纹理、形状等多维特征进行分类。这种方法有效提高了分类精度,并能够更好地捕捉湿地内部结构的复杂性和多样性。通过合理设置分割参数和分类规则,成功减少了噪声干扰,突出了地物边界特征,显著增强了分类效果。同时,面向对象分类方法的应用还促进了跨区域湿地管理的一致性和协调性,为政策制定和实施提供了有力支持。

在黄河流域湿地资源动态监测项目中,采用先进的面向对象分类方法,这种方法通过多尺度分割技术将遥感影像划分为多个具有同质性的对象区域。这些对象区域的划分是基于它们在光谱、纹理、形状等多维特征上的相似性。通过这种分类方法,能够更精确地识别和区分不同的湿地类型,从而有效提高了分类精度。此外,这种方法还能够更好地捕捉湿地内部结构的复杂性和多样性,这对于理解湿地生态系统的功能和动态变化至关重要。

通过合理设置分割参数和分类规则,成功减少了噪声干扰,突出了地物边界特征,显著增强了分类效果。在这一过程中,精心调整了分割尺度,以确保分割结果既不过于粗糙,又不过于细致,从而在保持分类精度的同时,避免了过度分割带来的噪声问题。通过这种方式,能够更清晰地识别出湿地中的各种地物,如水体、植被和土壤等,这对于后续的湿地资源管理和保护工作具有重要意义。

面向对象分类方法应用还促进了跨区域湿地管理的一致性和协调性,为政策制定和实施提供了有力支持。在黄河流域这样一个广阔的地理范围内,不同区域的湿地可能面临不同的环境压力和管理挑战。通过采用统一的分类方法和标准,研究人员能够确保不同区域的湿地监测数据具有可比性,从而为制定统一的湿地保护政策提供了科学依据。

该项目还特别强调了时空动态分析在湿地监测中的重要性。利用长时间序列的遥感影像数据,结合统计分析和机器学习算法,构建了湿地生态系统模拟模型。这种模型能够模拟不同情景下的湿地变化过程,为湿地保护规划和政策制定提供了前瞻性指导。通过这种模拟，可以预测未来湿地可能面临的环境变化和生态风险，从而提前采取相应的保护措施。

此外，项目还通过动画演示、虚拟现实（VR）等可视化手段，生动展现了湿地资源的动态变化过程。这些可视化手段不仅使得复杂的湿地变化数据更加直观易懂，而且极大地增强了公众对湿地保护的认识和参与度。这些创新实践不仅丰富了湿地资源监测的手段和方法，也为湿地生态系统的可持续发展注入了新的活力。

三、湿地资源调查结果的应用与影响

（一）科学支撑下的湿地生态保护策略优化

在全球环境危机日益凸显的当下，湿地作为地球上独一无二的生态系统，其保护与恢复工作显得尤为重要而紧迫。湿地资源调查成果，作为湿地保护策略优化的重要基石，提供了翔实的数据支持和科学的决策依据。以云南滇池湿地为例，地方政府依托长期、系统的湿地监测数据和资源调查结果，深入剖析了各类保护措施的实际效果，并在此基础上进行了有针对性的策略调整与优化。这些调整不仅显著提升了湿地管理的精准度和有效性，而且在应对湿地退化、生物多样性丧失等环境挑战时，能够迅速而准确地采取如生态补水、湿地植被恢复等有效措施，有效遏制了湿地生态系统的退化趋势，保障了区域生物多样性的稳定性和连续性。

此外，湿地资源调查还深入揭示了湿地水文循环的复杂机制，包括降水、径流、蒸发等关键环节，为湿地生态恢复和水资源的合理管理提供了重要的科学参考。通过深入分析湿地水文过程与生态系统健康之间的内在联系，能够提出更为科学合理的湿地保护方案，推动湿地生态系统的健康和可持续发展。例如，基于湿地资源调查成果，滇池湿地保护项目成功实施了生态补水计划，有效改善了湿地水文状况，促进了湿地植被的恢复和生物多样性的提升。

（二）湿地资源调查在城乡规划与建设中的指导作用

湿地资源调查成果在城乡规划与建设中的指导作用同样不可忽视。以天津七里海湿地为例，在推进城乡一体化发展的过程中，当地政府充分借鉴了湿地资源调查的数据和结论，科学规划了土地利用格局，有效避免了城市建设对湿地生态系统的破坏。通过合理划定湿地保护红线，严格控制建设用地规模，确保了湿地生态系统的完整性和连续性。同时，结合湿地资源的独特性和优势，规划了生态旅游、科普教育等功能区域，实现了湿地保护与地方经济发展的双赢。湿地资源调查提供的详细地形地貌、植被分布、水文条件等信息，为城乡规划提供了宝贵的科学依据，确保了城市建设与湿地保护的和谐共进。

在七里海湿地的城乡规划与建设中，湿地资源调查成果还发挥了重要的引导作用。通过深入分析湿地生态系统的敏感性和脆弱性，研究人员提出了针对性的保护措施和生态修复方案，为城乡规划提供了重要的生态约束条件。例如，在湿地周边区域的建设项目中，严格控制污染物排放，防止对湿地水质造成污染；在湿地内部，通过恢复湿地植被、建设生态廊道等措施，提升湿地生态系统的自我恢复能力和稳定性。这些措施的实施，不仅保护了湿地生态系统的健康，也为城乡居民提供了优美的生态环境和丰富的休闲空间。

（三）湿地资源调查促进科研教育与公众意识提升

湿地资源调查成果对科研教育的贡献和对公众意识的提升作用同样显著。以辽宁红海滩湿地为例，科研人员利用长期积累的监测数据和调查成果，深入开展了一系列湿地生态系统的研究工作。这些研究不仅涵盖了湿地植被、水文、土壤等多个方面，还涉及湿地生态过程、生物多样性保护、气候变化响应等前沿领域，为湿地科学领域的研究和发展提供了重要的数据支持和理论依据。同时，通过举办湿地科普展览、开展公众教育活动等形式，将专业的湿地资源调查成果转化为通俗易懂的知识，增强了公众对湿地生态价值和社会功能的认识。

在辽宁红海滩湿地的科研教育与公众意识提升工作中，湿地资源调查成果发挥了关键作用。通过展示湿地生态系统的独特魅力和保护的重要性，激发了公众参与湿地保护的热情和积极性。例如，通过组织湿地观鸟、生态摄影等活动，让公众亲身体验湿地的美丽与神秘；通过举办湿地保护讲座、研讨会等形式，提高公众对湿地保护政策的理解和支持。这些活动的开展，不仅提升了公众的湿地保护意识，也为湿地保护事业赢得了更广泛的社会认可和支持。同时，湿地资源调查成果还为湿地保护教育提供了丰富的素材和案例，有助于培养更多具备湿地保护知识和技能的专业人才，为湿地保护事业的持续发展注入新的活力。

第二节　湿地生态监测应用案例

一、湿地植被动态监测的遥感技术与方法

（一）多光谱遥感技术：揭示湿地植被覆盖变化的秘密武器

在湿地植被动态监测的广阔领域中，多光谱遥感技术如同一双锐利的眼睛，深入洞察着植被覆盖的微妙变化。以浙江西溪湿地为例，凭借 Landsat 系列卫星提供的多光谱影像数据，精心计算了归一化差异植被指数（NDVI）、增强型植被指数（EVI）以及土壤调整植被指数（SAVI）等一系列植被指数。这些指数不仅精准地区分了植被与水体、土壤等其他地表类型，更以细腻的笔触描绘出植被生长状态的变迁轨迹。通过对这些指数的长期跟踪与深入分析，得以实时监控湿地植被的健康状态，精准把握其生长趋势，为湿地生态系统的保护与管理提供了科学依据。

多光谱遥感技术的魅力不仅限于植被覆盖度的监测，它还能在湿地中辨识出特定植被类型的独特身份。在四川若尔盖湿地这一生态宝藏的监测项目中，巧妙结合了多光谱影像与高分辨率无人机数据，成功解锁了湿地中不同植被群落的分布密码，清晰捕捉到了草甸向沼泽转变的微妙过程。更令人振奋的是，通过引入随机森林、支持向量机（SVM）等先进的机器学习算法，植被分类的准确性得到了显著提升，湿地生态系统的内部结构变化得以更加清晰地展现在世人面前。

（二）面向对象分类方法：湿地植被类型识别的精准利器

在湿地植被类型识别的征途中，面向对象分类方法以其独特的优势脱颖而出，成为提升识别精度的关键利器。以江苏盐城滨海湿地为例，创新性地采用了面向对象分类技术，通过多尺度分割技术将复杂的遥感影像巧妙划分为多个具有同质性的对象区域。随后，依据这些对象的光谱特征、纹理细节以及形状轮廓等多元信息进行精细分类，不仅提高了分类的准确性，更有效捕捉到了湿地内部的细微结构变化，如新生植被斑块的悄然出现。通过不断优化分割参数，研究团队成功降低了噪声干扰，增强了地物边界的识别能力，使分类效果更加精准可靠。

面向对象分类方法的魅力还体现在其促进湿地管理标准化的独特作用上。在

京津冀地区湿地联合监测这一宏大项目中，统一的分类标准为不同行政区域间的湿地保护工作搭建了沟通的桥梁，确保了湿地保护政策的连贯性和执行力。这种标准化方法如同一盏明灯，为公众参与湿地保护指明了方向，激发了社会各界对湿地保护的热情与参与度，共同构筑起湿地生态保护的坚固防线。

（三）时间序列分析：揭秘湿地植被季节性变化的神奇钥匙

时间序列分析如同一把神奇的钥匙，打开了湿地植被季节性变化规律的神秘之门。在广西桂林漓江湿地这一自然风光的监测项目中，精心构建了时间序列影像数据库，并巧妙结合 GIS 和三维可视化技术，制作了一幅幅生动直观的湿地动态变化地图。用户只需轻点鼠标，便可通过交互式平台穿越时空的界限，直观感受湿地在不同季节的分布状况，深刻体会湿地面积的微妙变动与植被的兴衰更迭。更令人惊叹的是，通过动画展示和虚拟现实技术的加持，湿地变化的过程变得如此直观生动，仿佛触手可及。

时间序列分析的魅力远不止于此，它还能深入揭示湿地生态系统内部结构及其随时间的演变规律。在新疆博斯腾湖湿地这一生态宝库的监测项目中，利用长期积累的影像数据，结合统计分析与机器学习算法的智慧火花，构建了湿地生态系统的变化模拟模型。这一模型如同一位智慧的预言家，能够精准预测湿地未来的变化趋势，为湿地保护规划提供了科学的预测依据。时空动态监测与变化检测不仅提升了植被动态监测的效能与精度，更为科研和管理决策提供了直观有效的工具与手段，有力推动了湿地保护工作的深入实施与持续发展。

二、湿地水文过程监测的遥感应用实例

（一）合成孔径雷达（SAR）影像在水位变化监测中的前沿应用

在湿地水文过程监测领域，合成孔径雷达（SAR）影像以其独特的优势成为水位变化监测的重要工具。以内蒙古呼伦湖国家级自然保护区为例，这一地区因其广袤的湿地资源和复杂的气候条件，对监测技术的要求尤为苛刻。通过巧妙利用 Sentinel-1 SAR 影像，实现了对呼伦湖湿地水体面积和水位变化的精准监测。SAR 技术以其不受云层和光照条件限制的特性，成为应对呼伦湖频繁遭受恶劣天气挑战的理想选择。

通过分析 SAR 影像的回波强度信息，能够精确提取出水体边界，进而计算出水体面积。这一过程不仅依赖于 SAR 影像的高分辨率和穿透力，还需要结合光学影像提供的丰富地物颜色和纹理信息，以实现水位变化的精细解析。在一次极端降水事件后，迅速对比了事件前后的 SAR 影像和光学影像，成功识别出了新增的淹没区域，为应急响应提供了及时且关键的信息支持。

此外，SAR 影像的应用还进一步揭示了呼伦湖湿地水文循环的复杂机制，利用长时间序列的 Landsat 影像和无人机航拍数据，对湖泊水位的季节性波动情况进行了详细记录。通过深入分析这些数据，建立了精准的水文模型，成功预测了未来水位的变化趋势，为水资源管理和生态保护提供了坚实的科学依据。这一过程不仅加深了对湿地水文动态变化的理解，还为应对极端气候事件提供了宝贵的预警信息，有力保障了湿地生态系统的稳定性和可持续性。

（二）多源遥感数据融合：优化湿地水文过程监测的新路径

在湿地水文过程监测的实践中，多源遥感数据融合技术的应用为监测工作带来了革命性的变化。以云南抚仙湖湿地监测项目为例，综合运用了光学影像和合成孔径雷达（SAR）影像等多种数据源，实现了对湿地水体面积和水位变化的全面、精准监测。

SAR 影像以其穿透云层的能力，在频繁遭受恶劣天气影响的湿地地区展现出独特的优势；而光学影像则以其丰富的地物颜色和纹理信息，为水位变化的精细解析提供了有力支持。在一次洪水灾害监测中，通过对比洪水前后的 SAR 影像和光学影像，成功识别出了新增的淹没区域，为应急响应提供了宝贵的信息支持。

多源遥感数据融合技术的应用还进一步帮助研究人员揭示了抚仙湖湿地水文循环的复杂机制。科学家们利用长时间序列的 MODIS 影像和地面实测数据，结合统计分析和机器学习算法，构建了精准的湿地生态系统模拟模型。通过模拟不同情景下的湿地变化过程，为湿地保护规划提供了前瞻性的指导。这一过程不仅提升了湿地水文过程监测的效果和精度，还为科学研究和管理决策提供了直观、有效的工具支持，有力推动了湿地保护工作的深入开展。

（三）实时数据传输系统：湿地水文过程监测的快速响应机制

在湿地水文过程监测中，实时数据传输系统的应用为快速响应提供了关键支持。以江苏盐城滨海湿地监测项目为例，设立了多个固定观测站，并配备了自动气象站、水位传感器和水质监测设备等先进设备。这些设备通过无线通信网络实时上传监测数据到中央服务器，确保了数据的及时性和准确性。

通过随时查看最新的水位、流量和水质参数等关键信息，可及时发现异常情况并采取相应措施。在一次台风引发的洪水事件中，实时数据传输系统迅速发出警报，为相关部门制定应急预案提供了宝贵的时间窗口。这种快速响应能力对于保护湿地生态环境至关重要，有效降低了灾害对湿地生态系统的影响。

此外，实时数据传输系统还促进了公众参与和社会监督。当地政府开发了一款手机应用程序，市民可以通过该应用随时查看最新的湿地监测数据，了解湿地保护工作的最新进展。这种方式不仅增强了公众对湿地保护的认识和支持度，还鼓励公众积极参与到湿地保护工作中来。例如，有市民通过应用发现某些区域的实际用途与遥感影像分类结果不符后，及时向相关部门进行了反馈。经过核实后，及时对这些问题进行了修正，进一步提升了湿地水文过程监测的准确性和公信力。公众参与不仅提升了湿地水文过程监测的透明度和公信力，还促进了社会各界的合作与互动，共同为湿地保护事业贡献力量。

三、湿地生态监测结果对生态保护的意义

（一）监测成果：湿地保护策略精准调整的科学指南针

湿地生态监测成果，作为湿地保护工作的科学基础，为湿地保护策略的精准调整提供了不可或缺的关键参考。以浙江钱塘江口湿地保护计划为例，地方政府充分利用持续的监测数据，对各项保护措施的实施效果进行了全面评估，并基于这些数据对未来的保护策略进行了精细化调整。这种数据驱动的策略调整方式，不仅显著提升了湿地管理的效率和质量，还增强了应对突发环境问题的能力，为湿地的长期保护提供了坚实保障。

在具体实践中，湿地生态监测成果的应用显得尤为重要。例如，在某次湿地恢复项目的成效评估中，通过深入分析监测数据，发现了项目执行过程中存在的问题与不足，进而提出了针对性的保护建议，如实施生态隔离以减少人为干扰、控制污染源以改善水质等。这些建议的采纳与实施，有效减缓了湿地生态退化的趋势，为湿地的恢复与重建奠定了坚实基础。

此外，湿地生态监测成果还深入揭示了湿地水分循环等关键生态过程的内在机制。在河北白洋淀湿地保护项目中，利用遥感影像和地面观测数据，对湿地水分的动态变化进行了细致分析，为湿地的水资源管理和生态恢复提供了科学依据。这些成果的应用，不仅有助于制定更为科学合理的保护策略，还推动了湿地生态系统的持续健康发展。

（二）监测成果：科学研究与生态教育同步发展的强大动力

湿地生态监测成果不仅在湿地保护政策制定中发挥了重要作用，还在促进科学研究和生态教育方面展现出了巨大潜力。以四川若尔盖湿地国家级自然保护区为例，通过建立稳定的地面观测网络，持续收集了大量宝贵的监测数据。这些数据不仅为湿地信息提取的准确性提供了有力支撑，还为湿地资源的科学管理提供了重要参考。

在科学研究领域，湿地生态监测成果提供了丰富的数据资源。以云南洱海湿地监测项目为例，利用先进的遥感技术和数据分析方法，对湿地生态系统的变化进行了深入研究。通过引入高精度的遥感数据和先进的处理算法，能够更准确地捕捉湿地生态系统的细微变化，为湿地保护提供了更为精准的科学依据。同时，这些研究成果的发表与交流，也推动了湿地科学研究领域的不断发展与进步。

在生态教育领域，湿地生态监测成果同样发挥着重要作用。通过将监测成果转化为易于理解的信息和生动案例，科研人员和社会团体能够更有效地向公众普及湿地保护知识，激发公众对湿地保护的兴趣和参与热情。这种以数据为支撑的生态教育方式，不仅增强了公众的环保意识，还促进了社会各界对湿地保护工作的关注与支持。

（三）监测成果：公众环保意识提升与社会参与度增强的桥梁

湿地生态监测成果在提升公众环保意识和社会参与度方面同样发挥着关键作用。以山东黄河三角洲湿地保护项目为例，地方政府联合科研机构和社会团体，共同推广湿地保护理念。通过开展形式多样的社区教育和公众参与活动，监测成果被转化为贴近生活的信息，让公众更加直观地了解湿地生态系统的价值和保护的重要性。这种公众参与模式不仅增强了社区的环保意识，还促进了社会各界在湿地保护工作中的协作与互动。

此外，湿地生态监测成果还为城市可持续发展提供了重要的规划参考。以江苏太湖湿地监测项目为例，结合遥感数据和地面调查，为城市规划者提供了详细的湿地分布和生态状况信息。这些信息有助于城市规划者更好地理解湿地生态系统的价值，从而在城市规划中充分考虑湿地保护的需求，实现城市发展与湿地保护的和谐共生。

总体而言，湿地生态监测成果在生态维护领域的应用具有深远影响。它不仅为湿地保护策略的精准调整提供了科学指南针，还推动了科学研究与生态教育的同步发展，增强了公众环保意识和社会参与度。通过综合利用遥感技术和地面监测数据，能够更全面地理解湿地生态系统的复杂性，为制定科学合理的保护措施提供坚实科学基础，进而推动湿地生态系统的可持续发展和人类与自然的和谐共生。

第三节 湿地保护与管理应用案例

一、湿地保护区规划的遥感支持

（一）综合数据融合：提升湿地保护区界线划分的精准度与科学性

在湿地保护区的规划与管理中，遥感技术以其强大的信息获取与处理能力，显著提升了保护区界线划分的精准度与科学性。以四川成都平原的湿地保护规划为例，充分利用了现代遥感技术的优势，综合集成了高分辨率卫星图像、航空摄影资料以及详尽的地面调查数据，构建了一个多维度、多层次的湿地空间信息库。这一信息库不仅涵盖了湿地的基本地理特征，还深入揭示了湿地生态系统的内部结构与动态变化。

在数据融合的过程中，运用了先进的地理信息系统（GIS）技术，将水文、土壤、植被覆盖等多种地理信息图层进行无缝整合，形成了对湿地生态系统的全面、立体认知。这种综合数据融合的方法，不仅极大地提高了湿地类型的识别精度，还为深入理解湿地与周边环境的相互作用机制提供了有力支持。例如，在规划某湿地恢复项目时，通过GIS分析，精确识别出了湿地生态系统中最脆弱、最需要保护的关键区域，从而为生态修复工程提供了科学、合理的资源配置方案。

（二）动态时空分析：优化湿地保护区功能区域划分，提升保护效率

动态时空分析作为遥感技术的另一大亮点，在湿地保护区功能区域的优化中展现出了巨大潜力。在甘肃张掖黑河湿地国家级自然保护区的规划中，巧妙运用了长期积累的 MODIS 卫星数据和高清商业卫星图像，对湿地面积的变化进行了连续、系统的追踪与分析。通过对比不同时间点的数据，清晰揭示了湿地面积的增减趋势与空间分布特征，为功能区域的科学划分提供了坚实的数据基础。

此外，还结合了光谱混合分析和面向对象分类技术，对湿地内的植被类型进行了更为细致、准确的分类。这种基于时间序列的动态时空分析方法，不仅有助于识别出湿地生态系统中的关键保护区域，还为制定针对性强、效果显著的保护策略提供了有力支持。通过优化功能区域划分，湿地保护区的保护效率得到了显著提升，湿地生态系统的整体稳定性与可持续性也得到了有效增强。

（三）社区参与与公众监督：增强湿地保护区规划的公开性与透明度

在湿地保护区的规划与管理中，社区参与和公众监督是不可或缺的重要环节。它们不仅能够提升规划的公开性与透明度，还能够增强公众对湿地保护工作的认知与支持。以山东黄河三角洲湿地保护项目为例，地方政府与科研机构、民间组织紧密合作，积极推动社区参与湿地保护规划的过程。通过开展形式多样的教育和宣传活动，项目团队有效提高了社区居民对湿地保护重要性的认识，激发了他们参与湿地保护工作的热情与积极性。

同时，项目团队还注重建立公众监督机制，确保湿地保护区规划的制定与实施过程能够充分听取并反映公众的意见与需求。在江苏南京长江湿地保护项目中，公众监督机制的建立与运行取得了显著成效。它不仅增强了规划过程的透明度与公正性，还使得规划方案更加符合公众利益与生态保护的实际需求。通过这种社区参与与公众监督相结合的方式，湿地保护区的规划工作得以在更加民主、科学的轨道上稳步前行，为湿地生态系统的长期保护与可持续发展奠定了坚实基础。

二、湿地生态修复的遥感监测与评估

（一）遥感技术在生态修复方案制定中的应用

遥感技术在湿地生态修复方案的制定中扮演了关键角色。以河北白洋淀湿地恢复项目为例，科研团队充分利用了高分辨率的卫星影像，包括哨兵系列（Sentinel）卫星数据，来计算多种植被指数，如归一化植被指数（NDVI）、增强型植被指数（EVI）和土壤调整植被指数（SAVI）。这些指数不仅有助于区分湿地植被与其他地表类型，还能有效监测植被的生长状况。通过对这些指数的长期跟踪，科研团队及时掌握了湿地植被的恢复情况。

例如，在一次干旱事件中，通过分析植被指数的变化，科研团队迅速识别出了受影响最严重的区域，并据此制定了针对性的修复措施。此外，遥感技术还帮助研究人员评估了不同修复措施的效果。例如，在引入外来物种与本地物种种植对比试验中，通过定期更新的遥感影像，能够精确测量两种方法对植被覆盖率的影响，从而为后续的生态修复策略提供了科学依据。如在植被覆盖变化监测中，利用多时相遥感影像，成功追踪了特定时间段内白洋淀湿地植被覆盖的变化，揭示了哪些区域的植被恢复速度较快，哪些区域需要加强管理。水体质量监测中结合光学影像和 SAR 影像，实现了对白洋淀水域面积和水质参数（叶绿素 a 浓度、悬浮颗粒物浓度等）的动态监测，为水资源管理和污染治理提供了重要信息。

（二）实时监测系统在生态修复跟踪中的应用

实时监测系统为湿地生态修复的跟踪提供了即时信息。在浙江杭州西溪国家湿地公园的生态修复过程中，建立了一套综合监测系统，涵盖了卫星遥感、地面传感器和网络摄像头等多种设备。这些设备实时收集的数据通过云平台进行处理和分析，可实时监控湿地的环境变化。例如，在一次台风过境后，实时监测系统迅速捕捉到了湿地水位和水质变化，为应急响应提供了数据支持。不仅如此，该系统还有助于快速识别出受损区域，并指导修复工作的优先级安排。实时监测系统的另一大优势在于其透明性和互动性。公众可以通过官方网站或移动应用程序查看最新的监测数据和修复进展，增强了公众对湿地保护工作的信任和支持。

具体案例展示了实时监测系统的实际应用效果。在 2023 年的一次强降雨事件中，实时监测系统提前预警了可能发生的洪水风险，帮助地方政府及时采取措施，减少了灾害损失。此外，为了进一步提升公众参与度，开发了"湿地守护者"手机应用程序。市民可以上传自己拍摄的湿地照片或视频，报告异常情况，形成了一个全民参与的湿地保护网络。通过这些具体案例，可以看出实时监测系统不仅在科研和应急响应中发挥了重要作用，还有效促进了公众参与和保护湿地的意识。

（三）生态修复效果评估体系的构建与应用

为了准确评估湿地生态修复的效果，构建了一套全面的评估体系。在湖南洞庭湖湿地修复项目中，基于遥感数据和地面调查，建立了一套包括植被恢复、水质改善、土壤肥力恢复等多个指标的评估体系。通过对比修复前后的数据，能够量化修复效果，为后续的保护和管理提供依据。例如，在一次湿地土壤养分含量的评估中，结合遥感数据与实验室分析结果，准确评估了修复措施对土壤养分的影响。这种多维度的评估体系不仅关注生态指标，还包括社会经济因素，如周边社区居民的生活质量和经济效益。通过这种方式，确保了生态修复项目的可持续性和社会效益。

具体案例显示了评估体系的实际应用效果。在水质改善评估中，发现经过一系列修复措施后，洞庭湖主要污染物浓度显著下降，湖泊水质得到了明显改善。生物多样性恢复评估则利用无人机航拍和地面样方调查相结合的方法，记录了修复前后鸟类、鱼类和其他野生动物的数量变化，证明了生态修复对生物多样性的积极影响。此外，在内蒙古呼伦湖湿地的生态修复评估中，利用长时间序列的遥感数据，结合生态模型，研究了湿地生态系统的水分循环和能量平衡。通过这些研究，不仅评估了修复效果，还为湿地的长期健康管理提供了科学依据。

具体案例进一步展示了呼伦湖湿地评估的细节。水文过程模拟利用长时间序列的 Landsat 影像和无人机航拍数据，结合能量平衡模型，详细记录了呼伦湖湿地内植被蒸腾和土壤蒸发的情况，并建立了蒸发蒸腾量模拟模型，预测未来变化情景，为湿地保护规划提供了前瞻性指导。生态系统服务功能评估则通过综合评估湿地提供的水源涵养、防风固沙、碳汇等功能，提出了进一步优化生态修复策略的建议，保障了湿地生态系统的健康和稳定发展。总之，这套评估体系为湿地生态修复的成效评价提供了科学方法，推动了湿地生态系统的可持续管理。通过综合利用遥感技术和多源数据融合，科研人员能够更全面地了解湿地生态系统的特点，为制定科学合理的保护措施提供依据。同时，湿地生态修复效果评估体系的应用也促进了科学研究和社会各界的合作，共同致力于湿地生态系统的健康发展。

三、湿地恢复效果评估的遥感技术应用

（一）多维度评估框架构建湿地恢复成效的立体图景

在湿地恢复效果评估中，遥感技术通过构建多维度评估框架，为全面、立体地展现湿地恢复成效提供了有力支持。以广东湛江红树林湿地恢复项目为例，研究人员不仅关注湿地面积和植被覆盖度的变化，还利用多光谱遥感影像分析了湿地土壤湿度、水质状况以及生物多样性等多个维度的信息。通过整合这些信息，构建了一个综合性的湿地恢复成效评估体系，为科学评价湿地恢复效果提供了全面视角。

此外，多维度评估框架还促进了湿地恢复成效的跨领域对比与分析。例如，在广西北海银滩湿地恢复项目中，将湿地恢复成效与周边城市扩张、气候变化等因素进行了关联分析，揭示了湿地恢复面临的复杂挑战和机遇。这种跨领域的评估方法不仅有助于深入理解湿地恢复的内在机制，还为制定更加科学合理的湿地保护策略提供了参考。

（二）时间序列分析揭示湿地恢复动态变化的内在规律

时间序列分析在湿地恢复效果评估中发挥着揭示湿地恢复动态变化内在规律的重要作用。以江苏盐城丹顶鹤湿地保护区为例，利用长时间序列的遥感影像数据，对湿地植被覆盖度、水域面积等关键指标进行了连续监测。通过时间序列分析，发现了湿地恢复过程中的周期性波动和趋势性变化，为预测湿地未来发展趋势提供了科学依据。

时间序列分析还帮助研究人员识别了湿地恢复过程中的关键影响因素。例如，在辽宁盘锦湿地恢复项目中，通过对比不同年份的遥感影像数据，发现人类活动强度对湿地恢复成效具有显著影响。基于这一发现，提出了针对性的保护措施，如限制人类活动范围、加强生态修复等，以优化湿地恢复效果。

（三）社会感知数据融入增强湿地恢复效果评估的社会维度

在湿地恢复效果评估中，遥感技术与社会感知数据的融合为评估工作增添了新的社会维度。以浙江杭州西溪湿地为例，在利用遥感技术监测湿地恢复成效的同时，还通过社交媒体、问卷调查等方式收集了公众对湿地恢复效果的感知数据。通过对比分析遥感监测结果与社会感知数据，发现公众对湿地恢复成效的认知与科学评估结果存在一定差异。这种差异促使研究人员更加关注湿地恢复的社会影响，并探索如何通过科普教育、公众参与等方式提升公众对湿地保护的认识和支持度。

社会感知数据的融入还促进了湿地恢复效果评估的公众参与和反馈机制建设。例如，在四川若尔盖湿地恢复项目中，地方政府与科研机构合作建立了一个湿地恢复效果评估公众参与平台，鼓励公众上传自己拍摄到的湿地恢复情况照片和视频。这些社会感知数据不仅为湿地恢复效果评估提供了丰富的素材，还增强了公众对湿地保护工作的参与感和责任感。

综上所述，遥感技术在湿地恢复效果评估中的应用呈现出多元化、创新化的趋势。通过构建多维度评估框架、运用时间序列分析揭示动态变化规律以及融入社会感知数据增强社会维度等手段，遥感技术为湿地恢复效果评估提供了更加全面、深入、科学的支持。这些创新应用不仅提升了湿地恢复效果评估的准确性和可靠性，还为湿地保护与管理工作的持续改进提供了有力保障。

第四部分　湿地遥感监测的未来展望

第九章　新技术在湿地遥感监测中的应用前景

第一节　无人机遥感技术

一、无人机遥感技术的特点与优势

（一）高分辨率影像获取能力

无人机遥感技术以其出色的高分辨率影像获取能力，在湿地监测中展现出显著的优势。例如，在浙江千岛湖湿地监测项目中，利用搭载多光谱相机和激光雷达（LiDAR）传感器的无人机，能够捕捉到厘米级别的地物细节。这种高分辨率影像不仅提供了丰富的纹理和色彩信息，还能详细记录湿地内部结构特征，如河漫滩上的新生植被斑块或水体边界变化。通过合理设置飞行高度和路径规划，可以确保每个区域都能获得高质量的影像覆盖，为湿地分类和变化检测提供了坚实的数据基础。

高分辨率影像技术的应用显著提升了跨区域湿地管理的一致性和协调性。以长江三角洲湿地联合监测项目为例，该项目成功地统一了不同行政区划之间的湿地分类标准，从而确保了政策实施的连贯性和有效性。这种统一标准的方法使得各地方政府能够在相同的框架下开展湿地保护工作，有效避免了因分类差异导致的管理混乱和效率低下。此外，高分辨率影像还为公众参与湿地保护提供了清晰的指引，这不仅增强了社会对湿地保护的责任感，还提升了公众的支持力度。总的来说，无人机遥感技术所提供的高分辨率影像获取能力为空间数据分析提供了极为丰富的信息支持，这有助于深入研究湿地生态系统的动态演变过程，为科学决策和有效管理提供了坚实的数据基础。

(二) 灵活机动性强适应复杂环境

无人机遥感技术的另一大特点是其灵活机动性强,能够适应复杂的湿地环境。例如,在云南抚仙湖湿地监测项目中,面对地形起伏较大、植被茂密的区域,利用无人机快速部署和高效作业的能力,实现了对难以到达区域的精细监测。无人机可以在短时间内完成大面积的航拍任务,并根据实际情况调整飞行参数,确保数据采集的质量和效率。特别是在一些极端天气条件下,如暴雨、洪水等,无人机仍能稳定工作,及时提供最新的湿地状况信息。

无人机遥感技术还具备快速响应的能力。例如,在一次突发环境事件中,当地环保部门迅速出动无人机进行现场勘察,实时传输回高清影像,帮助决策者快速了解事态发展并制定应对措施。这种方法不仅提高了应急响应的速度和准确性,还减少了人力物力的投入,提升了工作效率。总之,无人机遥感技术的灵活机动性为湿地监测注入了新的活力和技术支持,推动了湿地保护工作的深入开展。

(三) 成本效益比优越适合大规模监测

无人机遥感技术的成本效益比优越,尤其适合大规模湿地监测项目。例如,在江苏盐城滨海湿地监测项目中,利用无人机平台,结合低成本的多光谱相机和开源软件,构建了一套经济高效的监测系统。这套系统不仅降低了硬件设备的采购成本,还减少了后期维护和运营费用。通过优化飞行路径和任务规划,可以在较短的时间内完成大面积的影像采集,大大提高了工作效率。同时,无人机遥感技术还可以与其他遥感手段相结合,如卫星影像和地面实测数据,形成多层次、多时相的湿地空间数据库,进一步丰富了监测内容。

无人机遥感技术的应用还促进了科研成果的转化和推广。例如,在福建闽江口湿地监测项目中,开发了一系列基于无人机遥感数据的分析工具和方法,并将其应用于实际工作中,取得了良好的效果。这些工具和方法不仅提高了湿地监测的科学性和合理性,还为其他地区提供了宝贵的经验和技术参考。总之,无人机遥感技术的成本效益比优越,为湿地监测提供了经济高效的解决方案,有助于实现湿地生态系统的可持续发展。

二、无人机遥感在湿地监测中的具体应用

（一）无人机遥感技术：湿地植被健康监测与评估的新利器

在湿地生态系统中，植被的健康状况是衡量湿地整体生态功能的重要指标之一。无人机遥感技术凭借其高效、灵活的特点，已成为监测和评估湿地植被健康的重要工具。在云南滇池湿地监测计划中，充分利用了无人机遥感技术的优势，搭载多光谱相机对湿地植被进行了周期性、高精度的影像采集。通过计算归一化植被指数（NDVI）、增强型植被指数（EVI）和土壤调节植被指数（SAVI）等关键植被指数，不仅能够有效区分湿地植被与其他地表类型，还能深入揭示植被生长状况的时序变化。

通过长期跟踪这些植被指数，能够及时发现湿地植被的健康问题，并预测其发展趋势。例如，在某次干旱事件中，通过对比干旱前后植被指数的变化，迅速识别出了植被受损严重的区域，并据此制定了针对性的恢复措施。这不仅有助于及时保护湿地植被，还能为湿地生态系统的整体恢复提供有力支持。

在山东黄河三角洲湿地监测中，无人机遥感技术进一步展示了其在特定类型湿地植被监测中的独特价值。结合高分辨率影像和地面调查数据，利用无人机遥感技术成功监测了湿地中盐碱植物群落的分布变化。引入机器学习算法，如深度学习和聚类分析，显著提高了植被分类的准确性，从而更深入地理解了湿地生态系统的结构和功能变化。这为湿地植被管理和恢复提供了更为精确、科学的依据。

（二）无人机遥感技术：湿地水文过程监测与水资源管理的创新手段

湿地水文过程是湿地生态系统的重要组成部分，对于维持湿地生态平衡具有重要意义。无人机遥感技术在湿地水文过程监测和水资源管理方面展现出了独特的优势。在四川若尔盖湿地监测项目中，利用无人机搭载的合成孔径雷达（SAR）和激光雷达（LiDAR）传感器，成功克服了恶劣天气条件的影响，精确监测了湿地水体的面积和水位变化。这些技术不仅能够提供植被覆盖下的水文信息，还能通过三维建模等方式揭示湿地水体的空间分布特征。

通过对这些数据的深入分析，能够准确提取水体边界，并计算水体面积，为

湿地水资源管理提供了科学依据。在新疆博斯腾湖湿地监测中,无人机遥感技术进一步揭示了湿地水文循环的关键机制。结合长时间序列的遥感影像和无人机航拍数据,详细记录了湖泊水位的季节性变化,并通过构建水文模型预测了未来的水位变化趋势。这为湿地的水资源管理和生态保护提供了重要参考,有助于实现湿地生态系统的可持续利用和保护。

(三)无人机遥感技术:湿地生物多样性调查与栖息地保护的新视角

湿地生物多样性是湿地生态系统的重要特征之一,对于维护生态平衡和人类福祉具有重要意义。无人机遥感技术在湿地生物多样性调查和栖息地保护方面发挥了重要作用。在湖北洪湖湿地保护项目中,利用无人机搭载的红外热成像仪,在夜间对湿地内的野生动物活动进行了非侵入式监测。这种监测方法不仅减少了人为干扰对野生动物的影响,还能精确记录动物的行为模式和栖息地选择。通过无人机热成像技术,还成功发现了新的水鸟繁殖地点,为湿地栖息地保护提供了关键信息。

在河北白洋淀湿地监测中,无人机遥感技术被进一步应用于精细化调查湿地植被覆盖度和物种分布。结合地面调查和无人机航拍数据,获得了详细的地形地貌和植被分布信息。这些信息为湿地生态系统的保护和管理提供了重要参考,有助于制定更为科学合理的保护措施。无人机遥感技术的应用为湿地生物多样性调查和栖息地保护提供了新的视角和技术手段,推动了湿地生态系统的可持续发展和人与自然和谐共生。

三、无人机遥感技术的未来发展趋势

(一)智能化与自动化提升监测效率

无人机遥感技术的智能化和自动化程度不断提升,显著提升了湿地监测的效率。例如,在未来的湿地监测项目中,无人机将配备更加先进的导航和避障系统,能够在复杂环境中自主飞行,无须人工干预。智能飞行控制系统可以根据预设的任务规划,自动调整飞行路线和速度,确保每次任务都能顺利完成。无人机还将集成更多种类的传感器,如高光谱相机、热成像仪等,以满足不同监测需求。通过引入人工智能算法,如深度学习和支持向量机(SVM),可以从海量数据中自动提取关键信息，进一步提高监测精度和效率。

随着无人机遥感技术的智能化和自动化水平的不断提升，它在跨学科研究合作与交流方面的作用愈发显著。以黑龙江扎龙国家级自然保护区的监测项目为例，研究人员携手来自生态学、地理信息系统（GIS）、遥感技术以及水利工程等多个学科领域的专家，共同探讨并研究湿地保护的新思路和新方法。通过这种跨学科的合作模式，各方资源和技术优势得到了有效整合，从而实现了对湿地生态系统的全方位监测和综合评估。综上所述，无人机遥感技术的智能化和自动化不仅为湿地监测领域注入了新的活力，还提供了强有力的技术支持，极大地推动了湿地保护工作的深入开展。

（二）大数据与云计算增强数据分析能力

随着大数据和云计算技术的发展，无人机遥感技术在湿地监测中的数据分析能力将进一步增强。例如，在未来的湿地监测项目中，无人机采集的海量影像数据将被上传至云端存储和处理平台，利用分布式计算框架，如 Hadoop 和 Spark，实现快速的数据处理和分析。云计算平台提供的高性能计算资源，可以支持复杂的数学模型和机器学习算法运行，从海量数据中挖掘有价值的信息。例如，在一次湿地恢复项目的评估中，通过云计算平台，建立了湿地生态系统模拟模型，预测未来变化情景，为湿地保护规划提供了前瞻性指导。

随着大数据分析技术的不断进步，它在湿地监测领域的应用将极大地促进监测结果的可视化和信息共享。以中国上海崇明东滩湿地保护项目为例，当地政府精心开发了一款便捷的手机应用程序。通过这款应用程序，市民们能够实时查看最新的湿地监测数据，从而对湿地保护工作的最新进展有一个直观的了解。这种技术的应用不仅提高了公众对湿地保护重要性的认识，而且还能激发公众对环境保护的热情和支持。

此外，公众的参与还揭示了一些专业人员可能忽略的问题。例如，在实际使用过程中，有市民发现某些区域的实际用途与通过遥感技术得到的影像分类结果存在差异。这些宝贵的反馈被及时传递给研究人员，他们经过仔细核实后，迅速对数据进行了必要的修正。这种公众参与的方式，不仅提高了湿地监测的透明度和公信力，还促进了政府、科研机构、环保组织以及普通市民之间的合作与互动，共同营造了一个积极的生态保护氛围。

(三)多源数据融合提升综合评估水平

随着技术的不断进步,无人机遥感技术在未来的发展中将更加注重多源数据的融合,这一趋势将显著提升湿地监测的综合评估水平。举例来说,在未来的湿地监测项目中,无人机采集的影像数据将与其他多种遥感手段,如卫星影像和地面实测数据,进行深度融合。这种融合将通过多尺度分析和时空动态建模,从而实现对湿地生态系统的健康状况和发展趋势的全面评估。以云南抚仙湖湿地监测项目为例,从宏观角度,研究者关注整个湖泊的水质、水位变化以及周边环境的影响;中观层面则着重于河漫滩区域的植被覆盖度、土壤湿度和生物多样性等指标;而微观层面则深入到特定植物群落,如对水生植物的生长状况、物种组成及其与环境因子的相互作用进行细致的监测。这种分层次的监测策略,使得研究者能够从不同尺度上把握湿地生态系统的复杂性和动态变化,从而为保护和恢复湿地提供了科学依据。

此外,多源数据融合还将促进跨学科研究的合作与交流。以黑龙江扎龙国家级自然保护区监测项目为例,研究人员联合了生态学、地理信息系统(GIS)、遥感技术和水利工程等多个领域的专家,共同探讨湿地保护的新思路和新方法。通过整合各方资源和技术优势,实现了对湿地生态系统的全方位监测和综合评估。总的来说,多源数据融合为无人机遥感技术在湿地监测中的应用提供了新的视角和技术手段,帮助深入理解湿地生态系统的动态演变,推动湿地保护工作的科学化和信息化。

综上所述,无人机遥感技术在湿地遥感监测中的特点与优势、具体应用以及未来发展趋势,充分展示了这一技术在湿地保护与管理中的广泛应用前景。通过高分辨率影像获取能力、灵活机动性强适应复杂环境、成本效益比优越,适合大规模监测等特点,无人机遥感技术为湿地监测提供了经济高效的解决方案。在湿地植被健康评估、水文过程监测、生物多样性调查等方面的具体应用,不仅提升了监测精度和效率,还为湿地保护工作注入了新的活力。未来,随着智能化与自动化、大数据与云计算、多源数据融合等技术的发展,无人机遥感技术将在湿地监测中发挥更大的作用,推动湿地生态系统的可持续发展。

第二节 激光雷达遥感技术

一、激光雷达遥感技术的原理与特点

(一) 高精度三维地形建模能力

激光雷达（Light Detection and Ranging，LiDAR）遥感技术以其卓越的高精度三维地形建模能力，在湿地监测中展现出显著优势。例如，在云南抚仙湖湿地监测项目中，利用无人机搭载的 LiDAR 传感器，生成了详细的地形模型。这种技术能够以厘米级的精度捕捉地表特征，包括湿地内部的微地形变化，如河漫滩、湖泊边缘和沼泽区域。通过构建高分辨率的数字高程模型（DEM），可以精确描述湿地的地貌特征，为植被分布、水文过程等研究提供了坚实的基础。

LiDAR 技术还能穿透植被覆盖，揭示隐藏在其下的地物信息。例如，在一次洪水事件后，通过 LiDAR 数据发现了淹没区下方的地形变化，这为后续的湿地恢复工作提供了重要参考。这种方法不仅提高了监测结果的准确性，还增强了对湿地内部结构的了解，有助于制定更加科学合理的保护措施。总之，LiDAR 遥感技术的高精度三维地形建模能力为空间数据分析提供了丰富的信息支持，促进了湿地生态系统的深入研究。

(二) 全天候作业适应复杂环境

激光雷达遥感技术具备全天候作业的能力，能够在复杂的湿地环境中稳定工作。例如，在黑龙江扎龙国家级自然保护区监测项目中，面对东北地区频繁的云层遮挡和恶劣天气条件，LiDAR 传感器依然能够提供高质量的数据采集。其主动光源特性使得 LiDAR 不受光照条件限制，可以在任何时间进行数据采集，确保了监测工作的连续性和稳定性。

LiDAR 技术还适用于多种地物类型的监测。例如，在一次大规模湿地资源普查中，利用 LiDAR 数据成功区分了不同类型的湿地植被，如芦苇群落、草本植物群落和水生植物群落。通过分析 LiDAR 点云数据的密度和高度分布，可以识别出不同植被类型的特征，进一步提高了分类精度。这种方法不仅丰富了湿地监测的内容，还为生态保护提供了更加全面的信息支持。总之，LiDAR 遥感技术的全天候作业能力和多用途适应性，为湿地监测注入了新的活力和技术保障。

（三）快速高效的大面积数据采集

激光雷达遥感技术以其快速高效的大面积数据采集能力，显著提升了湿地监测的效率。例如，在江苏盐城滨海湿地监测项目中，利用固定翼无人机搭载 LiDAR 传感器，仅用几天时间就完成了整个湿地区域的全覆盖扫描。这种方式不仅大大缩短了数据采集周期，还减少了人力物力的投入，提高了工作效率。通过优化飞行路径和任务规划，可以在较短的时间内完成大面积的影像采集，确保每个区域都能获得高质量的数据覆盖。

LiDAR 技术还可以与其他遥感手段相结合，形成多层次、多时相的湿地空间数据库。例如，在福建闽江口湿地监测项目中，工作人员建了一个综合性的湿地监测平台。通过将 LiDAR 数据与其他遥感数据进行融合，可以更全面地了解湿地生态系统的特点，为科学研究和管理决策提供丰富的信息支持。总之，LiDAR 遥感技术的快速高效数据采集能力为湿地监测提供了经济高效的解决方案，推动了湿地保护工作的深入开展。

二、激光雷达遥感在湿地监测中的实例分析

（一）湿地植被覆盖度与结构特征分析

激光雷达遥感技术在湿地植被覆盖度和结构特征分析中展现了独特优势。例如，在广东珠江口湿地监测项目中，利用 LiDAR 传感器获取的点云数据，计算了植被的高度、密度和冠层结构等参数。这些参数不仅能够反映植被的生长状况，还能揭示湿地内部的垂直分层结构。通过分析 LiDAR 点云数据的密度和高度分布，可以识别不同植被类型的特征，进一步提高了分类精度。例如，在一次湿地植被健康评估中，通过 LiDAR 数据发现了某些区域植被覆盖度的变化趋势，为后续的保护措施提供了重要参考。

LiDAR 技术还能够捕捉到植被内部的细微结构变化。例如，在海南东寨港国家级自然保护区监测项目中，通过 LiDAR 数据详细记录了芦苇群落的垂直结构变化，发现了一些新生植被斑块的出现。这种方法不仅提高了植被覆盖度评估的准确性，还为研究湿地生态系统内部结构提供了宝贵的信息。总之，LiDAR 遥感

技术为湿地植被覆盖度和结构特征分析提供了丰富的信息支持，有助于深入研究湿地生态系统的动态演变。

（二）湿地水文过程与水位变化监测

激光雷达遥感技术在湿地水文过程和水位变化监测方面发挥了重要作用。例如，在鄱阳湖湿地监测项目中，利用长时间序列的 Landsat 影像和 LiDAR 航拍影像，详细记录了湖泊水位季节性波动的情况。通过建立水文模型，预测未来水位变化趋势，为水资源管理和生态保护提供科学依据。LiDAR 传感器提供的高精度地形模型，能够准确测量水体表面的高度变化，从而实现对水位变化的精准监测。

LiDAR 技术，即激光雷达技术，是一种先进的遥感技术，它在湿地水文循环的研究中发挥着重要的作用。例如，在对青海湖流域湿地进行监测的项目中，充分利用了 LiDAR 技术提供的高精度数据。他们将这些数据与能量平衡模型相结合，从而能够详细记录并分析湿地内植被的蒸腾作用以及土壤的蒸发过程。通过这种综合分析，成功建立了一个蒸发蒸腾量的模拟模型。这个模型不仅能够帮助科学家们预测未来湿地水文变化的情景，而且为制定湿地保护规划提供了重要的前瞻性指导。这种方法的应用显著提高了对湿地水文动态变化的理解，同时还能为应对可能出现的极端气候事件提供预警信息，这对于保障湿地生态系统的稳定性和可持续性具有极其重要的意义。综上所述，LiDAR 遥感技术为湿地水文过程和水位变化的监测提供了一种直观且有效的工具，这无疑促进了湿地保护工作的深入开展，并为相关领域的科学研究和实际应用带来了新的机遇。

（三）湿地生物多样性与栖息地保护

激光雷达遥感技术在湿地生物多样性调查和栖息地保护方面也发挥了重要作用。例如，在上海崇明东滩湿地保护项目中，利用 LiDAR 传感器获取的地形和植被结构信息，进行了鸟类栖息地适宜性评价。通过分析 LiDAR 点云数据，可以识别出适合鸟类栖息的微地形特征，如浅滩、沼泽和草甸等。这种方法不仅减少了对野生动物的干扰，还能更准确地记录它们的行为模式和栖息地选择。例如，在一次候鸟迁徙监测中，通过 LiDAR 数据发现了多个新的候鸟栖息地，为后续保护工作提供了宝贵的线索。

LiDAR 技术还可以用于湿地植被覆盖度和物种分布的精细化调查。例如，在浙江杭州西溪国家湿地公园监测项目中，结合实地调查和 LiDAR 航拍，获取详细的地形地貌和植被分布信息，为湿地制图提供了宝贵的参考资料。通过综合应用了遥感技术和地面实测数据，可以更全面了解湿地生态系统的特点，为制定科学合理的保护措施提供依据。总之，LiDAR 遥感技术为湿地生物多样性调查和栖息地保护提供了新的视角和技术手段，有助于实现湿地生态系统的可持续发展。

三、激光雷达遥感技术的未来应用展望

（一）技术进步：驱动湿地监测向智能化与自动化迈进

激光雷达遥感技术的飞速发展，正逐步引领湿地监测领域向智能化与自动化的方向迈进。在未来，随着技术的不断突破，搭载先进导航和避障系统的 LiDAR 传感器将能够实现自主飞行，无须人工干预即可高效、准确地完成数据采集任务。这些系统能够根据预设参数自动调整飞行路径和速度，确保在复杂多变的湿地环境中稳定作业，极大地提升了监测的灵活性和效率。

此外，激光雷达遥感技术将集成更多类型的传感器，如多光谱相机和热成像仪等，以满足湿地监测中多样化的需求。结合人工智能算法，如神经网络和模式识别技术，激光雷达遥感技术将能够从海量数据中自动提取关键信息，实现对湿地生态系统的精准识别与动态监测。这种智能化与自动化的监测方式，不仅提高了监测的精度和效率，还为湿地保护与管理提供了更为科学、全面的决策支持。

在智能化与自动化的推动下，激光雷达遥感技术还将促进跨学科研究的深入发展。未来，生态学家、GIS 专家、遥感技术工程师和水利工程师等多领域专家将紧密合作，共同利用激光雷达技术探索湿地保护的新策略。通过技术融合和资源共享，实现对湿地生态系统的全面监测和评估，为湿地保护与管理提供更加科学、有效的解决方案。

（二）大数据与云计算：赋能湿地监测数据分析与共享

随着大数据和云计算技术的快速发展，激光雷达遥感技术在湿地监测数据分析方面的能力将得到显著提升。未来，LiDAR 产生的庞大数据量将通过云计算平台进行高效存储、处理和分析。利用高级计算框架，如 Hadoop 和 Spark 等，研

究人员能够快速处理海量数据，运用复杂模型和算法挖掘出有价值的信息，为湿地保护规划提供科学依据。

云计算平台提供的高性能计算资源，使得建立和运行湿地生态系统模拟模型成为可能。通过模拟不同情景下的湿地变化过程，预测未来发展趋势，为湿地保护与管理提供前瞻性指导。同时，大数据分析技术的应用还将促进湿地监测数据的可视化和共享。未来，将开发更多在线数据共享平台，使公众能够实时查看湿地监测数据，了解保护工作的进展。这种数据共享方式不仅提高了公众对湿地保护的认知度，还鼓励了公众参与湿地保护行动，共同推动湿地生态系统的可持续发展。

（三）多源数据融合：提升湿地监测综合评估水平

未来，激光雷达遥感技术将更加注重多源数据的融合，以提升湿地监测的综合评估水平。通过结合 LiDAR 点云数据、卫星影像、无人机航拍数据以及地面实测数据等多源信息，研究人员能够全面、准确地评估湿地生态系统的健康状况和演变趋势。这种综合评估方法不仅提高了监测结果的全面性，还为科学研究和管理决策提供了更为丰富、多元的信息支持。

多源数据融合还将推动跨学科研究的深入合作。未来，生态学家、遥感技术专家、地理学家等不同领域的专家将共同利用激光雷达遥感技术，探讨湿地生态系统的保护与恢复策略。通过多学科交叉融合，为湿地保护提供更加全面、深入的解决方案。同时，多源数据融合还有助于提高湿地监测的精度和可靠性，减少单一数据源可能带来的误差和不确定性，为湿地保护与管理提供更加坚实的数据支撑。

总体而言，激光雷达遥感技术在湿地监测中的应用前景广阔。随着技术的不断进步和创新应用的不断拓展，激光雷达遥感技术将在湿地植被分析、水文监测、生物多样性保护等方面发挥越来越重要的作用。未来，激光雷达遥感技术将成为湿地保护与管理的重要工具之一，推动湿地生态系统的可持续发展和科学管理迈向新的高度。

第三节 人工智能与机器学习在湿地遥感监测中的应用

一、人工智能与机器学习的基本概念与原理

(一) 自动化特征提取提升分类精度

在湿地遥感监测中,人工智能(AI)和机器学习(ML)技术的应用显著提升了数据处理和分析的效率。例如,在江苏盐城滨海湿地监测项目中,利用卷积神经网络(CNN)模型自动提取影像中的特征。通过深度学习算法,CNN可以从大量候选特征中自动筛选出最优特征子集,如植被覆盖度、水体边界等,从而提高分类精度。这种方法不仅减少了人工干预,还提高了分类结果的一致性和可靠性。

借助自动化特征提取技术,跨区域的湿地管理变得更加一致和协调。以长江三角洲湿地联合监测项目为例,该项目成功地统一了不同行政区划之间的湿地分类标准,从而确保了政策执行的连贯性和有效性。这种统一标准的方法,使得各个地方政府能够在同一框架内协同开展湿地保护工作,有效避免了由于分类标准不一致而引起的管理混乱现象。此外,自动化特征提取技术还为公众参与湿地保护提供了明确的指导,这不仅增强了公众对湿地保护的责任感,也提高了社会对湿地保护工作的支持和参与度。总的来说,自动化特征提取技术为湿地遥感监测提供了强有力的技术支持,这对于实现湿地生态系统的可持续发展具有重要的促进作用。

(二) 监督学习方法优化湿地分类

监督学习方法在优化湿地分类方面发挥了重要作用。例如,在云南抚仙湖湿地监测项目中,利用随机森林和支持向量机(SVM)两种经典的监督学习算法进行湿地分类。通过对大量标记样本的学习,这些算法能够从多源遥感数据中识别出不同类型的湿地地物,如湖泊、河漫滩、沼泽等。随机森林算法通过构建多个决策树,综合各个树的分类结果,提高了分类的准确性和稳定性;而SVM则通过寻找最佳分割超平面,将不同类别的物区分开来,尤其适用于高维数据的分类

任务。

监督学习方法还可以用于预测湿地变化趋势。例如，在一次湿地恢复项目的评估中，根据历史数据训练了一个随机森林模型，用于预测未来几年内湿地面积的变化情况。通过不断调整模型参数，可以提高预测的准确性，为制定科学合理的保护措施提供依据。总之，监督学习方法为湿地分类和变化预测提供了科学依据和技术支持，有助于深入研究湿地生态系统的动态演变。

（三）无监督学习探索未知模式

无监督学习方法在探索湿地遥感数据中的未知模式方面展现了独特优势。例如，在广东珠江口湿地监测项目中，利用聚类分析算法，如 K 均值聚类和层次聚类，对未标记的遥感影像进行了分类。通过计算每个像素点之间的相似性，这些算法可以自动发现影像中的自然聚类结构，揭示出湿地内部的潜在模式。这种方法不仅提高了分类精度，还能捕捉到一些尚未被发现的地物类型或变化趋势。

无监督学习方法还可以用于异常检测。例如，在一次突发环境事件中，当地环保部门迅速出动无人机进行现场勘察，并利用聚类分析算法实时传输回高清影像，帮助决策者快速了解事态发展并制定应对措施。该方法不仅提高了应急响应的速度和准确性，还减少了人力物力的投入，提升了工作效率。总之，无监督学习方法为湿地遥感监测注入了新的活力和技术支持，推动了湿地保护工作的深入开展。

二、深度学习模型的构建、训练与优化方法

（一）卷积神经网络（CNN）在湿地分类中的应用

卷积神经网络（CNN）是一种在深度学习领域中被广泛应用的模型，它在湿地分类任务中表现出了非常出色的性能。以浙江千岛湖湿地监测项目为例，成功地应用了 CNN 模型来对多光谱影像进行分类处理。CNN 模型通过其多层次的卷积层和池化层，能够从影像数据中提取出极为丰富的纹理和颜色信息，这使它能够对湿地中的不同类型的地物进行非常精确的分类。尤其在面对复杂地形和植被覆盖的湿地环境时，CNN 模型能够有效地捕捉到那些微小的细节变化，从而显

著提高了分类的准确性和整体的鲁棒性。

此外，CNN 模型还能够与其他遥感技术手段相结合，共同构建出多层次、多时相的湿地空间数据库。在福建闽江口湿地监测项目中，就将 CNN 模型与卫星影像数据以及地面实测数据相结合，共同构建了一个综合性的湿地监测平台。通过将 CNN 模型的分类结果与其他遥感数据进行有效融合，能够更加全面地掌握湿地生态系统的各种特点，为科学研究和湿地管理决策提供了更为丰富和翔实的信息支持。综上所述，CNN 模型为湿地分类提供了一种经济高效且实用的解决方案，极大地推动了湿地保护和管理工作向更深层次的发展。

（二）递归神经网络（RNN）及其变体在时间序列分析中的应用

递归神经网络（RNN）及其变体，如长短期记忆网络（LSTM）和门控循环单元（GRU），在湿地时间序列分析中发挥了重要作用。例如，在江西鄱阳湖湿地监测项目中，利用 LSTM 模型对长时间序列的 MODIS 影像进行了分析。通过引入时间维度，LSTM 能够捕捉到湿地植被覆盖度、水位变化等参数随时间的变化规律。这种方法不仅提高了对湿地动态变化的理解，还能为水资源管理和生态保护提供科学依据。

RNN 及其变体还可以用于预测未来变化情景。例如，在一次湿地恢复项目的评估中，根据历史数据训练了一个 LSTM 模型，用于预测未来几年内湿地面积的变化情况。通过，不断调整模型参数，可以提高预测的准确性，为制定科学合理的保护措施提供依据。总之，RNN 及其变体为湿地时间序列分析提供了直观有效的工具，促进了湿地保护工作的深入开展。

（三）迁移学习加速模型训练与适应新场景

迁移学习是一种通过利用已有模型的知识来加速新模型训练的技术，广泛应用于湿地遥感监测中。例如，在海南东寨港国家级自然保护区监测项目中，利用预训练的深度学习模型，如 VGGNet 和 ResNet，作为初始权重进行微调。通过这种方式，不仅可以大大缩短模型训练的时间，还能提高模型在特定湿地环境中的泛化能力。这种方法特别适用于数据量有限或标注困难的情况，确保了模型的有效性和实用性。

迁移学习还可以帮助模型适应新的应用场景。例如，在一次大规模湿地资源普查中，利用预训练模型对不同地区的湿地进行了分类。通过微调模型参数，可以快速适应新的地理环境和地物类型，提高了分类的准确性和一致性。总之，迁移学习为湿地遥感监测提供了快速有效的解决方案，推动了湿地保护工作的科学化和信息化。

三、人工智能与机器学习在湿地监测中的创新应用

（一）智能预警系统提升应急响应速度

人工智能与机器学习技术在湿地监测中的创新应用之一是智能预警系统的建立。例如，在上海崇明东滩湿地保护项目中，开发出了一套基于机器学习算法的智能预警系统。该系统利用无人机采集的实时影像数据，结合历史数据和气象预报信息，建立了湿地状况预测模型。当系统监测发现潜在风险时，如洪水、干旱等极端天气事件，会自动发出警报，提醒相关部门采取紧急措施。这种方法可以提高应急响应的速度和准确性，还减少了人力、物力的投入，提升了工作效率。

智能预警系统在促进公众参与和社会监督方面发挥着重要作用。例如，在一次候鸟迁徙的监测活动中，当地政府精心开发了一款便捷的手机应用程序。通过这款应用程序，市民们能够随时随地查看最新的湿地监测数据，从而对湿地保护工作的最新进展有一个清晰的了解。这种做法不仅极大地增强了公众对湿地保护重要性的认识和支持，而且还能够帮助专业人员发现一些可能被忽视的问题。在实际应用中，有热心市民通过这款应用程序指出，某些区域的实际用途与通过遥感影像技术分类得出的结果存在差异。这一反馈得到了研究人员的高度重视，经过实地核实和详细分析后，及时对分类结果进行了必要的修正。通过公众的积极参与，不仅提高了湿地监测工作的透明度和公信力，还促进了社会各界的合作与互动，共同营造了一个积极向上的生态保护氛围。

（二）精细化管理平台优化资源配置

人工智能与机器学习技术在湿地监测中的另一项创新应用是精细化管理平台的建设。例如，在安徽巢湖湿地保护项目中，政府、科研机构和非政府组织共同合作，建立了湿地保护联盟，定期召开会议，交流最新研究成果和技术进展。通

过这种方式，不但引进了先进的技术和理念，还促进国内外湿地保护经验的共享，为湿地保护工作注入了新的活力。精细化管理平台还可以优化资源配置，提高湿地保护工作的效率和效果。

例如，在一次针对湿地恢复项目的精心规划过程中，借助先进的机器学习算法对湿地生态系统进行了深入的模拟和精准的预测。基于这些模拟和预测结果，他们提出了具有针对性的保护建议，包括但不限于建立生态缓冲区、限制人类开发活动等措施。这些措施的实施，有效地缓解了人类活动导致的生物多样性下降的压力。此外，通过引入智能化的管理系统，可以更加高效地整合来自不同部门和机构的资源，形成强大的保护合力，确保湿地保护工作的顺利进行。总的来说，这种精细化的管理平台为湿地监测提供了坚实的保障，有助于实现湿地生态系统的长期可持续发展。

（三）虚拟现实（VR）与增强现实（AR）提升用户体验

人工智能与机器学习技术在湿地监测领域中，又迎来了一项创新应用，那就是虚拟现实（VR）和增强现实（AR）技术的引入。例如，在浙江杭州西溪国家湿地公园的监测项目中，通过结合实地调查和无人机航拍的方式，成功获取了详尽的地形地貌以及植被分布的信息，这些信息为湿地的制图工作提供了极为宝贵的参考资料。通过将遥感技术和地面实测数据进行综合应用，更加全面了解了湿地生态系统的各种特点，为制定科学合理且有效的保护措施提供了坚实的基础。

VR 和 AR 技术还可以用于教育普及和公众参与。例如，在一次湿地科普活动中，利用 VR 技术创建了虚拟湿地环境，让参观者身临其境地感受湿地的魅力。通过这种沉浸式体验，可以更直观地展示湿地生态系统的复杂性和重要性，激发公众对湿地保护的兴趣和支持。AR 技术还可以用于实地导览，通过手机或平板电脑扫描二维码，可以获得湿地的详细信息和实时监测数据。总之，VR 和 AR 技术为湿地监测提供了新的视角和技术手段，有助于实现湿地生态系统的可持续发展。

综上所述，人工智能与机器学习在湿地遥感监测中的基本概念与原理、深度学习模型的构建、训练与优化方法以及创新应用，充分展示了这些技术在湿地保护与管理中的广泛应用前景。通过自动化特征提取、监督学习方法优化湿地分类、无监督学习探索未知模式等方式，人工智能与机器学习为湿地监测提供了经济高效的解决方案。在湿地分类、时间序列分析、智能预警系统、精细化管理平台等方面的具体应用，不仅提升了监测精度和效率，还为湿地保护工作注入了新的活力。未来，随着技术的发展，人工智能与机器学习将在湿地监测中发挥更大的作用，推动湿地生态系统的可持续发展。

第十章 湿地遥感监测的国际合作与交流

第一节 湿地遥感监测国际合作现状

一、国际合作组织与项目的介绍

(一) 全球环境基金 (GEF) 支持下的湿地保护项目

全球环境基金 (GEF) 在推动国际湿地遥感监测合作方面发挥了重要作用。例如,在东南亚地区,GEF 资助了"湄公河下游流域综合管理"项目,该项目旨在通过多国协作,利用遥感技术和地理信息系统 (GIS) ,对流域内的湿地资源进行详细评估和动态监测。该项目不仅促进了区域间的资源共享和技术交流,还为各国提供了科学依据,以制定合理的湿地保护政策。通过建立长期监测站点和数据共享平台,能够实时获取湿地变化信息,及时调整保护策略。

GEF 还支持了一系列跨地区的能力建设活动,如跨地区培训班和研讨会,提升了当地科研人员的技术水平和操作能力。这些培训活动涵盖了从基础理论到实际应用的多个方面,确保参与者能够在各自的岗位上有效利用遥感技术开展湿地监测工作。总之,GEF 的支持不仅为湿地保护提供了资金保障,还搭建了一个国际合作的桥梁,促进了知识和技术的传播。

(二) 联合国教科文组织 (UNESCO) 主导的跨国湿地研究网络

联合国教科文组织 (UNESCO) 在全球范围内建立了多个跨国湿地研究网络,加强了国际学术交流与合作。例如,"人与生物圈计划" (MAB) 下的湿地研究网络,汇集了来自不同国家的科学家和专家,共同探讨湿地生态系统的保护与管理问题。该网络定期举办专题研讨会和实地考察活动,分享最新的研究成果和技术进展,促进跨国界的协同研究。

UNESCO 还发起了"世界遗产地"项目,将一些具有重要生态价值的湿地纳入保护范围,并通过遥感监测手段对其状况进行持续跟踪。例如,在巴西潘塔纳尔湿地，UNESCO 与当地政府及科研机构合作，利用卫星影像和无人机航拍，构建了详细的湿地空间数据库。通过这种方法不仅提高了监测精度，还为科学研究和管理决策提供了丰富的信息支持。总之，UNESCO 主导的跨国湿地研究网络为湿地遥感监测注入了新的活力和技术支持，推动了湿地保护工作的深入开展。

（三）国际湿地公约（Ramsar Convention）框架下的合作机制

国际湿地公约（Ramsar Convention）是全球湿地保护的重要国际协议之一，其框架下的合作机制为湿地遥感监测提供了广阔的平台。例如，Ramsar 秘书处发起的"湿地智慧"（Wetlands Wise）倡议，鼓励成员国之间分享最佳实践案例和技术经验。通过在线论坛和年度会议，各国代表可以交流最新的遥感技术和应用成果，探讨如何更好地应用于本国湿地保护工作中。

国际湿地公约还设立了专门的资金和技术援助项目，帮助发展中国家提升湿地监测能力。例如，在非洲大陆，国际湿地公约与欧盟联合实施了"非洲湿地生态系统管理"项目，为多个国家提供了先进的遥感设备和数据分析工具。培训当地技术人员，确保他们能够独立完成湿地监测任务。总之，国际湿地公约框架下的合作机制不仅促进了国际的资源共享，还为湿地保护工作注入了新的动力和技术支持。

二、国际合作中的主要议题与案例分析

（一）跨境湿地管理与协调机制建设

跨境湿地管理是国际合作中的一个重要议题，涉及多个国家之间的协调与合作。例如，在中亚地区，哈萨克斯坦、乌兹别克斯坦和土库曼斯坦三国共同参与了"咸海复兴"项目。该项目旨在通过恢复咸海周边湿地生态系统，缓解因过度开发导致的水资源短缺和生态退化问题。三国政府携手合作，利用遥感技术和水文模型，制定了详细的水资源管理和湿地恢复计划。通过定期召开联席会议，各方共同商讨并调整实施方案，确保项目顺利推进。

跨境湿地管理还需要建立健全的协调机制。例如，在欧洲大陆，德国、荷兰和比利时三国联合开展了"莱茵河三角洲湿地保护"项目。为了有效应对洪水灾害和生态保护需求，三国建立了统一的监测体系和应急响应机制。通过共享遥

感数据和实时监测结果,各国可以迅速采取行动,减少灾害损失。这种方法不仅提高了应急响应的速度和效率,还增强了区域间合作的紧密度。总之,跨境湿地管理需要多方共同努力,通过建立有效的协调机制,实现湿地生态系统的可持续发展。

(二)气候变化背景下湿地适应性管理

气候变化对湿地生态系统的影响日益显著,成为国际合作中的另一大议题。例如,在北极地区,加拿大、挪威和俄罗斯三国共同参与了"北极湿地适应性管理"项目。该项目旨在评估气候变化对北极湿地的影响,并提出相应的适应性管理措施。基于长时间序列的 MODIS 影像和无人机航拍影像,记录了湿地面积、植被覆盖度等参数的变化趋势。通过对这些数据进行时空动态分析,可以预测未来变化情景,为湿地保护规划提供前瞻性指导。

气候变化背景下湿地适应性管理还需要关注极端气候事件的预警和应对。例如,在澳大利亚昆士兰州,当地政府与科研机构合作,利用机器学习算法建立了湿地干旱预警系统。通过分析历史气象数据和遥感影像,该系统能够提前数周预测干旱发生的概率和影响范围,帮助相关部门制定应急预案。这种方法不仅提高了预警的准确性和及时性,还减少了灾害带来的经济损失。总之,气候变化背景下湿地适应性管理需要多方协作,通过引入新技术和新方法,提高湿地生态系统的抗逆能力和适应性。

(三)湿地生物多样性保护与恢复

湿地生物多样性保护与恢复是国际合作中的核心议题之一。例如,在非洲马达加斯加,世界自然基金会(WWF)与当地政府合作,发起了"蓝宝石湖湿地保护"项目。该项目旨在通过恢复湿地生态环境,保护珍稀动植物物种及其栖息地。利用激光雷达(LiDAR)遥感技术和无人机航拍,生成了详细的地形和植被结构模型,为后续保护工作提供了坚实的基础。通过植树造林和水质改善措施,成功增加了湿地植被覆盖度,吸引了更多野生动物栖息。

湿地生物多样性保护还需要注重社区参与和社会监督。例如,在印度尼西亚苏门答腊岛,当地政府与非政府组织(NGO)共同合作,建立了湿地保护联盟。通过定期召开会议、交流最新研究成果和技术进展等方式,不仅可以引进先进的技术和理念，还促进了国内外湿地保护经验的共享，为湿地保护工作注入了新的活力。公众参与也可以发现一些专业人员可能忽视的问题，如某些区域的实际用途与遥感影像分类结果不符，经过核实后，及时进行了修正。总之，湿地生物多样性保护与恢复需要多方共同努力，通过引入新技术和新方法，提高湿地生态系统的健康水平和稳定性。

三、国际合作对湿地遥感监测的推动作用

（一）技术共享与标准统一促进监测效率提升

国际合作在推动湿地遥感监测方面起到了至关重要的作用，尤其是在技术共享和标准统一方面。例如，在东亚地区，中国、日本和韩国三国共同参与了"东北亚湿地保护网络"项目。该项目旨在通过技术交流和资源共享，提升区域内湿地监测的效率和准确性。三国科研机构联合开发了一套基于云平台的数据处理系统，实现了遥感影像的快速下载、预处理和分类。通过标准化的操作流程，确保每个国家都能获得一致的监测结果，避免了因技术差异导致的误差。

国际合作还促进了监测标准的统一。例如，在欧洲大陆，欧盟委员会发起了"欧洲湿地监测网络"项目，制定了统一的遥感数据采集和处理规范。通过这种方式，不仅可以减少人为因素带来的误差，确保不同国家之间的数据具有可比性，还能促进了跨区域的合作和社会参与，形成了良好的生态保护氛围。总之，技术共享与标准统一为湿地遥感监测注入了新的活力和技术支持，推动了湿地保护工作的深入开展。

（二）联合研究项目增强科学认知与应用深度

国际合作通过联合研究项目的形式，增强了对湿地生态系统的科学认知和应用深度。例如，在南美洲亚马孙河流域，巴西、秘鲁和哥伦比亚三国共同参与了"亚马孙湿地综合研究"项目。该项目汇聚了来自不同领域的专家，包括生态学、地理信息系统（GIS）、遥感技术和水利工程等多个学科，共同探讨湿地保护的新思路和新方法。通过整合各方资源，实现了对湿地生态系统的全方位监测和综合评估。

协同研究计划在促进新技术应用与进展方面扮演了关键角色，并在众多研究

领域取得了突出成就。以对湿地恢复项目进行的深入评估为例，研究团队通过历史数据的精细训练，构建了一个随机森林模型，该模型旨在预测未来数年内湿地面积可能发生的变迁。通过不断调整和优化模型参数，显著提升了预测的准确性，为制定科学、合理且具有实际操作性的保护策略提供了坚实的数据支撑和理论基础。综合来看，协同研究计划为湿地遥感监测领域提供了坚实的支持，不仅有助于实现湿地生态系统的可持续发展，而且通过引入智能化管理系统，能够更高效地整合跨机构和部门的资源，形成强大的协同效应，确保湿地保护工作的有效执行，从而为生物多样性和生态平衡的维护作出了重要贡献。

（三）能力建设与人才培养推动长远发展

在湿地遥感监测领域，国际合作发挥着至关重要的作用，特别是在能力建设与人才培养方面。以非洲大陆为例，联合国开发计划署（UNDP）携手众多非洲国家，成功启动了"非洲湿地监测能力建设"项目。该项目通过组织系列培训班和研讨会，显著提升了当地科研人员在技术操作和实践能力上的水平。这些培训内容全面，从基础理论到实际应用，确保了参与者能够在其岗位上熟练运用遥感技术进行湿地监测工作。

国际合作在人才培育和交流方面也取得了显著成效。以某国际湿地保护研讨会为例，来自世界各地的青年学者和资深专家汇聚一堂，共同交流了最新的科研成果和技术动态。此类交流活动不仅引入了尖端技术和先进理念，还实现了国内外湿地保护经验的互通有无，为湿地保护事业注入了新的生机与活力。能力建设与人才培养为湿地遥感监测事业的持续发展提供了坚实的动力保障，确保了技术的传承与创新，推动了湿地保护事业的持续向前发展。

综上所述，国际合作组织与项目的介绍、国际合作中的主要议题与案例分析以及国际合作对湿地遥感监测的推动作用，充分展示了国际合作在湿地保护与管理中的广泛应用前景。通过技术共享与标准统一、联合研究项目增强科学认知与应用深度、能力建设与人才培养等方式，国际合作不仅提升了湿地监测的效率和精度，还为湿地保护工作注入了新的活力和技术支持。未来，随着国际合作的不断深化和技术的发展，湿地遥感监测将在全球范围内发挥更大的作用，推动湿地生态系统的可持续发展。

第二节 湿地遥感监测在国际合作中的机遇与挑战

一、国际合作带来的机遇与优势

(一) 技术资源共享提升监测能力

国际合作为湿地遥感监测带来了显著的技术资源共享机会。例如，在"亚洲湿地保护网络"项目中，中国、日本和韩国三国共同开发了一套基于云平台的数据处理系统，实现了遥感影像的快速下载、预处理和分类。这种跨国界的技术共享不仅提升了每个国家的监测效率，还确保了数据的一致性和可比性。通过统一的操作流程和技术标准，各国可以更好地协同工作，避免因技术差异导致的误差。

技术资源共享还包括硬件设备的支持。例如，在非洲大陆，欧盟委员会发起了"非洲湿地生态系统管理"项目，为多个国家提供先进遥感数据分析工具。通过培训当地技术人员，确保他们能够独立完成湿地监测任务。这种方法不仅提高了监测精度，还增强了区域间的合作紧密度。总之，技术资源共享为湿地遥感监测注入了新的活力和技术支持，推动了湿地保护工作的深入开展。

(二) 跨学科研究提高综合评估水平

国际合作在推动跨学科研究方面发挥了重要作用，极大地促进了湿地遥感监测技术的综合评估能力的提升。以南美洲的亚马孙河流域为例，巴西、秘鲁和哥伦比亚三国携手合作，共同参与了名为"亚马孙湿地综合研究"的重大科研项目。该项目汇集了生态学、地理信息系统（GIS）、遥感技术、水利工程等多个学科的专家，经过共同努力，旨在探索和提出湿地保护的新策略和新方法。通过这种跨学科的合作，各方资源和技术优势得到了有效整合，从而实现了对湿地生态系统的全面监测和深入的综合评估。

此外，跨学科研究的推进还加速了新技术的应用和进步。在某次湿地恢复项目的评估过程中，研究人员利用历史数据训练了一个随机森林模型，该模型被用来预测未来几年内湿地面积可能发生的变迁。研究人员通过不断调整和优化模型参数，显著提高了预测的精确度，这为制定基于科学依据的合理保护措施提供了有力支持。这种基于模型预测的方法不仅增强了监测结果的可信度,还为科学研究提供了大量宝贵的信息资源。综上所述,跨学科研究为湿地遥感监测领域提供了坚实的支撑,对于实现湿地生态系统的长期可持续发展具有重要意义。

(三) 政策协调增强全球治理效能

国际合作在政策协调方面发挥了重要作用,显著增强了湿地遥感监测在全球治理中的效能。例如,在国际湿地公约(Ramsar Convention)框架下,成员国之间建立了统一的监测体系和应急响应机制。通过定期召开联席会议,各国共同商讨并调整实施方案,确保项目顺利推进。这种政策协调不仅提高了应急响应的速度和效率,还增强了区域间合作的紧密度。

政策协调还包括跨国界的法律法规和环境保护政策的对接。例如,在德国、荷兰和比利时的欧洲国家,联合开展了"莱茵河三角洲湿地保护"项目。为有效应对洪水灾害和生态保护需求,建立了统一的监测体系和应急响应机制。通过共享遥感数据和实时监测结果情况,各国可以迅速采取行动,减少灾害损失。这种方法,不仅提高了应急响应的速度和效率,还增强了区域间合作的紧密度。总之,政策协调为湿地遥感监测提供了强有力的政策保障,推动了湿地保护工作的深入发展。

二、国际合作中面临的挑战与困难

(一) 数据共享障碍影响协同效应

国际合作中面临的一个主要挑战是数据共享障碍,这直接影响了各国之间的协同效应。例如,在"亚洲湿地保护网络"项目中,尽管各国都同意共享遥感数据,但在实际操作中,由于数据格式不统一、访问权限限制等问题,数据交换效率低下。不同国家和地区使用的遥感数据格式各异,如 TIFF、JPEG2000 等,增加了数据转换的工作量;而访问权限的限制则使得一些关键数据无法及时获取,影响了整体监测效果。

数据共享障碍还体现在知识产权保护方面。例如,在一次跨国湿地监测项目中,某些国家担心自身的技术成果被泄漏或滥用,因此对数据共享持谨慎态度。这种担忧不仅阻碍了数据的自由流通,也降低了国际合作的积极性。总之,数据共享障碍为湿地遥感监测带来了诸多不便,需要通过建立统一的标准和规范来解决这些问题,确保各国能够在同一平台上高效协作。

(二)技术差距制约合作深度

技术差距是国际合作中另一个不容忽视的挑战,它制约了合作的深度和广度。例如,在非洲大陆,许多发展中国家缺乏先进的遥感技术和设备,难以独立完成高质量的湿地监测任务。虽然有外部援助和技术支持,但这些国家的技术水平和操作能力仍有待提升。这种技术差距不仅影响了监测结果的准确性和一致性,也削弱了国际合作的效果。

技术差距还体现在数据处理和分析能力上。例如,在一次湿地恢复项目的评估中,某些国家由于缺乏专业的数据分析人才,无法充分利用现有的遥感数据进行深入研究。这不仅限制了科研成果的质量,也影响了保护措施的有效性。总之,技术差距为湿地遥感监测带来了诸多挑战,需要通过加强能力建设和技术转移来弥补不足,推动各国技术水平的均衡发展。

(三)文化差异影响沟通与协作

文化差异也是国际合作中不可忽视的挑战之一,它影响了各国之间的沟通与协作。例如,在一次国际湿地保护研讨会上,来自不同国家的年轻学者和专家共同探讨了最新的研究成果和技术进展。然而,由于语言和文化背景的不同,部分参会者在交流过程中遇到了理解上的障碍,影响了讨论的效果。这种文化差异不仅增加了沟通成本,也可能导致误解和冲突。

文化差异还体现在工作方式和管理理念上。例如,在一些跨国湿地监测项目中,不同国家的研究团队在项目管理和执行过程中采用了不同的工作方式和管理理念,导致协调难度增加。这种差异不仅影响了工作效率,也降低了合作的积极性。总之,文化差异为湿地遥感监测带来了诸多挑战,需要通过加强文化交流和沟通技巧培训来克服这些问题,确保各国能够在和谐的氛围中高效协作。

三、应对国际合作挑战的策略与建议

(一)建立统一标准促进数据共享

为了解决数据共享障碍,建立统一的标准和规范至关重要。例如,在"亚洲湿地保护网络"项目中，各国可以共同制定一套标准化的遥感数据格式和访问协议，确保所有参与方都能使用相同的数据标准进行监测和分析。通过这种方式，不仅可以减少数据转换的工作量，还能提高数据共享的效率和质量。还可以引入区块链技术，确保数据的安全性和透明度，防止数据篡改和滥用。

建立一个国际化的数据中心也是一个有效的解决方案。例如，在欧洲大陆，欧盟委员会设立了"欧洲湿地监测中心"，集中管理和分发遥感数据。通过这个平台，各国可以随时获取所需的数据，并进行实时更新。这种方法不仅提高了数据的可用性和时效性，还增强了区域间的合作紧密度。总之，建立统一标准和国际化数据中心为湿地遥感监测提供了强有力的技术支持，推动了数据共享的高效实施。

（二）加强能力建设缩小技术差距

为了有效缩小技术上的差距，加强能力建设成为不可或缺的策略之一。以非洲大陆为例，联合国开发计划署（UNDP）与多个非洲国家携手合作，共同发起了名为"非洲湿地监测能力建设"的项目。该项目的核心内容包括举办一系列的培训班和研讨会，这些活动极大地提升了当地科研人员的技术水平和操作能力。培训内容广泛，从基础理论知识到实际应用技巧，都进行了深入的讲解和实践，确保了参与者能够在自己的工作岗位上，有效地利用遥感技术开展湿地监测工作，从而为湿地保护和管理提供了强有力的技术支持。

此外，技术转移也是缩小技术差距的关键途径之一。例如，在一次国际湿地保护研讨会上，来自发达国家的专家们向发展中国家的同行们分享了最新的遥感技术和应用成果。这种知识和经验的交流，帮助发展中国家提升了监测能力，从而更好地进行湿地保护工作。通过这种方式，不仅引进了先进的技术和理念，还促进了国内外在湿地保护方面的经验共享，为湿地保护工作注入了新的活力和创新思维。总的来说，加强能力建设和技术转移为湿地遥感监测提供了长远发展的动力，确保了技术的传承和创新，推动了全球湿地保护事业的不断进步和可持续发展。

（三）增进文化交流提升协作效率

为了克服文化差异带来的挑战，增进文化交流是至关重要的策略。例如，在一次国际湿地保护研讨会上,组织方特别安排了文化交流环节,让参会者有机会了解彼此的文化背景和工作习惯。通过这种方式,不仅可以减少沟通障碍,还能增强相互理解和信任,提高合作效率。

建立多元化的国际团队也是一个有效的解决方案。例如,在一次跨国湿地监测项目中,各国代表共同组成了一个国际团队,负责项目的具体实施。通过这种方式,不仅可以充分利用各国的优势资源和技术专长,还能促进不同文化和工作方式之间的融合。总之,增进文化交流和建立多元化团队为湿地遥感监测提供了和谐的合作环境,确保各国能够在同一个平台上高效协作,共同推动湿地保护事业的发展。

综上所述,国际合作中的机遇与挑战充分展示了国际合作在湿地保护与管理中的广泛应用前景。通过技术资源共享、跨学科研究促进综合评估水平、政策协调增强全球治理效能等方式,国际的合作不仅提升了湿地监测的效率和精度,还为湿地保护工作注入了新的活力。面对数据共享障碍、技术差距制约合作深度、文化差异影响沟通与协作等挑战,通过建立统一标准促进数据共享、加强能力建设缩小技术差距、增进文化交流提升协作效率等策略,可以有效地应对这些问题,推动湿地遥感监测在全球范围内的深入发展。

第三节 中国在国际湿地遥感监测中的地位及前景

一、中国参与国际合作的现状与成果

(一) 技术合作与创新引领全球湿地保护新趋势

中国在国际湿地保护合作中,通过深度参与跨国技术合作项目,不断输出前沿技术与创新应用,为全球湿地保护树立了新标杆。例如,在"一带一路"倡议框架下,中国与中亚国家合作开展的"中亚湿地生态系统监测与保护"项目,中国不仅提供了高分辨率卫星影像和无人机航拍数据,还共同研发了基于人工智能的湿地变化预测模型。该模型能够精准预测湿地植被覆盖、水体面积等关键指标的变化趋势,为各国制定针对性的湿地保护策略提供了科学依据。

此外,中国在遥感数据处理与分析领域的技术输出也备受瞩目。在"南太平洋岛国湿地资源调查"项目中,中国团队分享了其自主研发的遥感处理平台,该

平台集成了先进的图像处理算法和机器学习技术，能够高效、准确地提取湿地信息，显著提升了项目的工作效率和数据精度。这些技术合作与创新不仅展示了中国的科技实力，也为全球湿地保护合作注入了新的活力。

（二）人才培养与国际交流构建湿地保护知识共同体

中国深知人才培养与国际交流在湿地保护合作中的重要性，因此积极开展了形式多样的能力建设与培训活动。例如，在"非洲湿地保护人才发展计划"中，中国不仅派遣专家赴非洲国家进行现场指导，还通过在线课程和远程教育平台，向非洲学员传授遥感监测、数据分析等关键技术。这些活动不仅提升了非洲国家在湿地保护方面的技术水平和实际操作能力，还促进了中非之间的知识共享与文化交流。

同时，中国还积极举办国际湿地保护研讨会和论坛，邀请全球专家学者共同探讨湿地保护的新理念、新技术和新方法。例如，在"全球湿地保护与创新论坛"上，中国专家与来自世界各地的同行深入交流，分享了中国在湿地保护方面的成功经验和技术创新，为全球湿地保护合作提供了有益的借鉴和启示。这些人才培养与国际交流活动，为构建湿地保护知识共同体奠定了坚实基础。

（三）示范项目引领全球湿地保护实践新方向

中国在国际湿地保护合作中，通过实施一系列具有示范意义的项目，为全球湿地保护实践提供了新方向。例如，在"东南亚红树林生态系统恢复与保护"项目中，中国与东盟国家合作，采用遥感监测与实地调查相结合的方式，对红树林生态系统的健康状况进行了全面评估。在此基础上，双方共同制定了红树林恢复计划，并引入了先进的生态修复技术和管理模式。经过几年的努力，项目区域内的红树林面积显著增加，生物多样性得到有效恢复，为全球红树林保护提供了成功范例。

此外，中国在湿地保护示范项目中还注重技术创新与实际应用相结合。例如，在"长江中下游湿地保护与可持续利用"项目中，中国团队利用遥感技术和大数据分析手段，对湿地资源进行了精细化管理。同时，还引入了智慧湿地管理系统，实现了对湿地环境的实时监测和预警。这些示范项目不仅展示了中国在湿地保护方面的创新能力和实践成果，也为全球湿地保护合作提供了可复制、可推广的经验模式。

二、中国在全球湿地保护合作中的关键角色与卓越贡献

（一）科技引领：推动国际湿地监测技术的革命性进步

在全球湿地遥感监测领域，中国凭借卓越的科技创新能力，正引领着国际湿地监测技术的革命性进步。在"一带一路"倡议的引领下，中国与沿线国家紧密合作，共同研发出了一套集云计算、大数据分析与人工智能于一体的湿地监测平台。该平台不仅具备高效处理和分析大规模遥感数据的能力，还能针对不同类型、不同地域的湿地环境，提供快速、精确的识别和评估服务。尤其是在面对地形复杂、植被茂密等挑战时，该平台展现出了卓越的性能和适应性，为国际湿地监测技术树立了新的标杆。

中国科学家团队在遥感监测技术领域的前沿探索，同样为全球湿地保护带来了革命性的变化。他们成功开发了一种基于深度学习的多时相遥感数据分析算法，该算法能够深入挖掘湿地生态环境的长期变化趋势，为生态修复和环境管理提供科学依据。此外，中国在无人机遥感、激光雷达遥感等先进技术的应用方面也取得了显著成果，这些技术的应用进一步提升了湿地监测的精度和效率，为全球湿地保护提供了强有力的技术支持。

（二）政策引领：提升全球湿地保护合作的效率与凝聚力

在全球湿地保护合作中，中国始终扮演着积极的政策倡导者角色，致力于提升国际合作的效率与凝聚力。作为国际湿地公约的缔约国，中国积极参与全球湿地保护政策的制定与推广，通过举办国际湿地保护论坛、研讨会等活动，搭建起国际经验交流与策略协调的桥梁，有效增强了全球湿地保护合作的向心力。

中国还注重在国内立法与国际合作之间建立有效衔接机制，以推动全球湿地保护事业的协同发展。例如，中国与亚太地区国家共同发起的"亚太湿地网络"项目，就是一个典型的政策倡导与合作实践案例。该项目通过政策对话、技术交流等方式，促进了区域湿地保护和管理能力的提升，为全球湿地保护合作提供了有益的探索和示范。

(三) 资源助力：加速发展中国家湿地保护进程，彰显国际责任

在全球湿地保护事业中，中国始终秉持着"共商共建共享"的原则，通过资金投入、技术援助等方式，积极助力发展中国家加快湿地保护进程。在亚洲、非洲和拉丁美洲等地区，中国提供了大量的财政援助和技术支持，帮助这些地区建立和完善湿地监测网络，提升自主进行湿地监测和维护的能力。

例如，中国援助的"南南合作湿地保护项目"，就为多个发展中国家提供了必要的设备和技术培训，有效提升了他们的湿地保护能力。此外，中国还通过设立国际湿地保护基金等方式，为发展中国家的湿地保护项目提供资金支持，帮助他们解决资金短缺等实际困难，推动了全球湿地保护事业的均衡发展。

中国在全球湿地保护合作中的这些贡献，不仅体现了其作为大国的国际责任感，也为全球湿地保护事业的持续健康发展注入了新的动力和活力。未来，中国将继续秉持开放合作、互利共赢的理念，与世界各国一道，共同推动全球湿地保护事业迈向新的高度。

二、中国在未来湿地保护国际合作中的战略规划与目标设定

(一) 引领技术革命，推进全球湿地监测标准化

在全球湿地保护面临的新挑战面前，中国将不断加强技术革命，致力于推动全球湿地监测标准的一体化。在"全球湿地监测网络"的架构下，中国计划与全球伙伴国家协作，共同制定一套统一、高效的遥感数据标准和监测规范。这不仅涉及数据格式的统一、处理流程的规范化，还包括监测指标、评估方法的标准化，确保全球湿地监测数据的兼容性和互操作性。

中国将进一步探索先进技术在湿地监测中的应用，如深度学习、大数据挖掘、云计算和区块链技术等，以提升监测效率和数据安全性。特别是区块链技术的集成，将极大提升湿地监测数据的透明度和可信度，防止数据篡改，为全球湿地保护合作提供坚实的技术保障。中国将通过这些技术革命，为全球湿地监测提供智能化、精准化的解决方案。

(二) 推动跨学科整合，提高湿地保护决策的科学性

针对湿地保护的多维度挑战，中国将在未来国际合作中积极推动跨学科整

合，提升湿地保护的综合决策能力。中国将倡导生态学、地理学、遥感科学、水利工程等领域的专家学者共同参与湿地保护项目，通过跨学科的知识交流和技能融合，为湿地保护提供更加科学、全面的策略。

中国还将致力于建立一套综合性的湿地保护评估体系，融合遥感监测、生态评估、社会经济分析等多元化手段，对湿地生态系统进行全方位、多角度的评估。这一体系将有助于更准确地掌握湿地生态系统的健康状况和发展趋势，为制定科学合理的湿地保护政策提供强有力的科学支持。

（三）注重人才培养与国际协作，构建全球湿地保护智力网络

人才是湿地保护事业持续发展的核心。中国将在未来的国际合作中更加注重人才培养，构建一个覆盖全球的湿地保护智力网络。中国将通过设立国际奖学金，举办国际培训班、研讨会等形式，吸引和培养来自世界各地的湿地保护专业人才。同时，中国将积极与国际组织、研究机构和高等教育机构建立合作关系，共同推进湿地保护的研究和技术创新。

中国还将创建国际交流平台，促进不同国家和地区在湿地保护领域的学术交流和技术合作。这不仅有助于引进国际先进的湿地保护理念和技术，还能促进国内外湿地保护成功经验的分享，为全球湿地保护事业注入新的活力和动力。

总结而言，中国在未来湿地保护国际合作的战略规划与目标设定中，展现了其前瞻性和引领性。通过技术革命、跨学科整合和人才培养等多方面的努力，旨在推动全球湿地保护事业的全面发展，继续秉持开放合作、互利共赢的原则，与全球伙伴共同守护地球上的湿地资源，促进湿地生态系统的可持续发展。

第十一章　湿地遥感监测的政策与法规

第一节　湿地保护与管理的政策法规

一、国际湿地保护与管理的政策法规概述

（一）《拉姆萨尔公约》：奠定全球湿地保护的基石

《拉姆萨尔公约》，作为全球湿地保护的标志性国际协议，不仅为湿地保护构建了全面的全球性框架，还通过一系列创新举措推动了湿地保护的国际化进程。公约秘书处与成员国紧密合作，利用先进的遥感技术，建立了详尽的湿地空间信息库，显著提升了湿地监测的精准度，为科学研究与政策制定提供了坚实的数据基础。公约要求各成员国定期提交湿地状况报告，并采取切实措施保护具有国际重要性的湿地，确保了湿地保护行动的持续性和有效性。

此外，《拉姆萨尔公约》还设立了专项基金和技术援助项目，特别关注发展中国家湿地保护和管理能力的提升。例如，在拉丁美洲，公约与联合国开发计划署（UNDP）携手启动了"拉丁美洲湿地保护与恢复"项目，为参与国家提供了遥感监测设备和技术培训，有效增强了当地的技术实力，促进了国际的知识共享与合作。

（二）欧盟湿地保护指令：树立区域湿地保护的标杆

欧盟湿地保护指令为欧洲地区湿地保护设立了统一的标准和监测体系，展现了区域合作在湿地保护中的重要作用。在"波罗的海湿地网络"项目中，丹麦、瑞典和芬兰三国协同努力，构建了统一的湿地监测与评估机制。通过整合遥感数据与地面监测结果，这些国家能够高效协调湿地保护工作，共同应对气候变化等全球性挑战。这种区域合作模式不仅提升了湿地保护的效率，还强化了区域内的环境治理能力。

欧盟湿地保护指令还严格规定了环境影响评估流程，确保湿地生态系统的完

整性不受开发活动的侵害。在湿地恢复项目的环境影响评估中,研究人员运用先进的生态模型,全面评估不同恢复方案对湿地生态系统的影响,为决策者提供了科学、可靠的依据。这些指令的实施,为湿地保护提供了坚实的法律保障,推动了湿地资源的可持续利用。

(三) 国际自然保护联盟 (IUCN):引领全球湿地保护的科学指导

国际自然保护联盟 (IUCN) 作为全球湿地保护领域的权威机构,为湿地保护提供了科学的指导和建议。在"全球湿地观察"项目中,IUCN 联合多个国际组织和研究机构,运用遥感技术对全球湿地进行了大规模的监测和评估,为全球湿地保护提供了最新的科学信息,促进了全球范围内的数据共享和经验交流。

IUCN 还发布了一系列湿地保护技术指南,涵盖湿地生态系统管理、恢复和可持续利用等多个方面,为科研人员、政策制定者和实践者提供了宝贵的参考资源。例如,在一次国际湿地保护研讨会上,IUCN 展示了如何利用人工智能技术深度分析湿地遥感数据,以提升湿地保护的效率和效果。这些活动不仅增强了公众对湿地价值的认识,还激发了社会各界参与湿地保护的热情和积极性。总体而言,IUCN 的科学指导为全球湿地保护工作注入了新的活力和技术支持,推动了湿地保护事业的持续发展。

二、中国湿地保护与管理的政策法规体系

(一)《中华人民共和国湿地保护法》奠定法律基础

《中华人民共和国湿地保护法》为中国湿地保护奠定了坚实的法律基础。该法明确规定了湿地保护的基本原则、管理体制和法律责任,确保湿地资源得到有效保护和合理利用。例如,在东北地区,黑龙江扎龙国家级自然保护区根据法律规定,建立了严格的保护制度,禁止非法开垦、捕捞和污染行为。通过设立监控点和巡逻队伍,确保各项保护措施得到严格执行。

《中华人民共和国湿地保护法》对湿地保护的财政投入机制作出了明确规定,确保了充足资金的分配与使用,为湿地保护工作提供了坚实的法律基础和保障。以某湿地恢复项目为例,地方政府严格遵循法律规定,专门设立了专项资金,用于植树造林和水质改善等关键措施。这些措施的贯彻执行,有效提升了湿

地植被的覆盖率，进而吸引了更多种类的野生动物栖息。这种科学合理的保护手段，不仅显著增强了湿地保护的实际成效，而且为其他地区在湿地保护方面提供了宝贵的经验和技术借鉴。综上所述，《中华人民共和国湿地保护法》为湿地保护工作注入了强大的动力，极大地促进了湿地保护事业的深入发展和进步。

（二）地方性法规细化保护措施

各地根据实际情况，制定了具体的地方性法规，细化了湿地保护的具体措施。例如，在江苏盐城滨海湿地，当地政府出台了《盐城市黄海湿地保护条例》，明确规定了湿地保护的目标、任务和具体措施。通过划定保护范围、设立监测站点和建立预警系统，确保湿地资源得到有效保护。条例还规定了严格的处罚措施，对破坏湿地的行为进行严厉惩处。

地方性法规还鼓励社会力量参与湿地保护工作。例如，在浙江千岛湖湿地，当地政府与非政府组织（NGO）合作，发起了"湿地保护志愿者行动"，吸引了大量市民和社会团体参与。通过开展义务植树、环保宣传等活动，不仅提升了公众对湿地保护的认识和支持，还形成了良好的生态保护氛围。总之，地方性法规为湿地保护提供了具体的实施路径，确保各项保护措施能够落到实处，推动了湿地保护事业的不断进步。

（三）跨部门协调机制促进综合治理

中国建立了跨部门协调机制，促进了湿地保护的综合治理。例如，在"长江经济带"发展战略中，国家发展改革委、生态环境部、水利部等多个部门共同参与，制定了详细的湿地保护和修复计划。通过定期召开联席会议，各部门共同商讨并调整实施方案，确保项目顺利推进。这种跨部门协调机制不仅提高了应急响应的速度和效率，还增强了区域间合作的紧密度。

跨部门协调机制不仅限于国内，它还涉及跨国界法律法规的衔接以及环境保护政策的协同。以一次具体的跨国湿地监测项目为例，中国与俄罗斯协商并确立了一套统一的监测标准和应急响应机制。在这一过程中，双方通过共享遥感数据以及实时监测信息，能够迅速地采取相应的应对措施，从而有效地减少了灾害可能带来的损失。这种方法不仅显著提升了应急响应的速度和效率，而且进一步加强了区域间合作的紧密性。综上所述，跨部门协调机制为湿地保护提供了坚实的

三、政策法规对湿地遥感监测的促进作用

(一) 规范数据采集与共享机制

政策法规对湿地遥感监测的促进作用首先体现在规范数据采集与共享机制上。例如，在《中华人民共和国湿地保护法》中明确规定，各级政府应建立健全湿地监测网络，确保数据的真实性和准确性。通过设立固定的监测站点和流动监测队伍，可以全面覆盖不同类型的湿地资源，确保数据的完整性和连续性。法律规定了数据共享的标准和流程，确保不同部门和地区之间的数据能够无缝对接和高效利用。

在当前的环境保护领域，政策法规积极地推动和鼓励技术创新及其在各个领域的应用和推广。以最近进行的一次湿地监测项目为例，采用了先进的激光雷达（LiDAR）遥感技术以及无人机航拍手段，成功地构建了一个详尽的地形及植被结构模型。这一模型不仅为后续的湿地保护活动提供了坚实的基础，而且为相关领域的科研人员和保护工作者提供了重要的参考。通过实施一系列的植树造林和水质改良措施，湿地的植被覆盖度得到了显著的提升，这不仅改善了湿地的生态环境，还吸引了更多的野生动物前来栖息。这种方法不仅极大地增强了湿地保护的成效，而且为其他区域的湿地保护工作提供了宝贵的经验和技术参考。综上所述，标准化的数据采集与共享机制为湿地遥感监测注入了新的活力与技术支持，这不仅促进了湿地保护工作的深化发展，还为未来的环境保护工作指明了方向。

(二) 强化执法监督与责任追究

政策法规通过对执法监督和责任追究的规定，显著增强了湿地遥感监测的效果。例如，《中华人民共和国湿地保护法》明确规定了各级政府及其相关部门的责任，确保湿地保护工作有法可依、有章可循。通过设立专门的执法机构和举报热线，社会各界可以积极参与湿地保护工作，监督违法行为。一旦发现破坏湿地的行为，相关部门将依法予以严惩，确保湿地资源得到有效保护。

依据政策法规之规定，所有可能对湿地生态系统产生影响的开发活动，均须经过严格的环境评估程序，以确保此类活动不会对湿地造成不可逆转的损害。例

如，在一项特定的湿地恢复项目规划过程中，研究人员运用了先进的机器学习算法，对湿地生态系统的复杂性进行了深入的模拟与预测分析。基于这些分析，他们提出了针对性的保护措施和建议，如建立生态缓冲区、限制特定开发活动等，这些措施有效缓解了生物多样性下降所带来的压力。此外，通过引入智能化管理系统，可以更高效地整合来自不同领域的资源与力量，形成协同效应，确保湿地保护工作的顺利推进。综上所述，通过强化执法监督与责任追究机制，为湿地遥感监测提供了坚实的政策支持，这不仅促进了湿地保护工作的深入发展，也为实现湿地资源的可持续利用奠定了坚实的基础。

（三）激励科技创新与人才培养

政策法规通过激励科技创新与人才培养，进一步推动了湿地遥感监测的发展。例如，在《中华人民共和国科学技术进步法》中明确规定，国家将加大对湿地保护领域的科技投入，鼓励科研机构和企业开展技术创新。通过设立专项科研基金和奖励机制，吸引更多的科学家和工程师投身于湿地保护研究。政策法规还规定了高校和职业院校应加强相关专业课程设置，培养高素质的湿地保护人才。

政策法规积极倡导国际合作与技术交流。例如，在某次国际湿地保护研讨会上，中国专家通过视频会议向全球观众展示了最新的遥感技术及其应用实例，助力其他国家了解并采纳这些先进技术。此方式不仅降低了面对面交流的成本，而且扩大了知识传播的范围，提升了全球湿地保护的整体水平。通过这样的国际合作，各国可以共享资源，共同解决环境问题，实现可持续发展的目标。综上所述，激励科技创新与人才培养为湿地遥感监测提供了持续发展的动力，确保了技术的传承与创新，促进了湿地保护事业的持续进步。同时，这种合作也加强了国际理解与友谊，为构建人类命运共同体贡献了力量。

综上所述，国际湿地保护与管理的政策法规概述、中国湿地保护与管理的政策法规体系以及政策法规对湿地遥感监测的促进作用，充分展示了政策法规在湿地保护与管理中的广泛应用前景。通过规范数据采集与共享机制、强化执法监督与责任追究、激励科技创新与人才培养等方式，政策法规不仅提升了湿地监测的效率和精度，还为湿地保护工作注入了新的活力和技术支持。未来，随着政策法规的不断完善和技术的发展，湿地遥感监测将在全球范围发挥更大的作用，推动湿地生态系统的可持续发展。

第二节 遥感技术在湿地保护法规中的应用

一、遥感技术在湿地保护中的具体应用实例

(一) 湿地变化动态监测助力决策制定

遥感技术在湿地变化动态监测方面展现了显著的应用效果。例如，在中国东北地区的黑龙江扎龙国家级自然保护区，利用高分辨率卫星影像和无人机航拍数据，建立了详细的湿地时空数据库。通过长期连续监测，研究人员能够精确记录湿地面积、植被覆盖度以及水体边界的变化情况。这些数据为地方政府提供了科学依据，帮助其制定合理的湿地保护政策和管理措施。

遥感技术具备捕捉短期内快速变化的能力，例如洪水淹没区域或人为破坏活动的影响。以某次突发环境事件为例，当地环保部门迅速启动无人机进行现场勘查，并实时将高清影像传输至指挥中心。这种高效的即时响应机制，不仅显著提升了应急处理的效率，而且有效减轻了灾害带来的损失。综上所述，通过遥感技术对湿地变化进行动态监测，能够为决策者提供及时、准确的信息支持，确保湿地保护工作的有效推进。

(二) 非法开垦与污染行为识别加强执法力度

遥感技术在识别非法开垦和污染行为方面发挥了重要作用。例如，在江苏盐城滨海湿地，执法人员利用多时相遥感影像对比分析，发现了多个未经许可的新建鱼塘和养殖设施。通过对不同时期影像的叠加分析，可以清晰地看到新增建筑物的位置和规模，为后续调查取证提供了直观证据。这种方法不仅提高了执法效率，还能避免传统巡查方式可能遗漏的问题。

遥感技术还可以用于检测水质污染情况。例如，在浙江千岛湖湿地，利用高光谱成像仪获取了详细的水质参数分布图，包括叶绿素浓度、悬浮物含量等指标。通过分析这些参数的变化趋势，可以准确判断污染源的位置和扩散路径。这种方法不仅提高了污染治理的效果，还增强了公众对环境保护的信心。总之，遥感技术为打击非法开垦和污染行为提供了强有力的技术支持，保障了湿地生态系

统的健康稳定发展。

（三）湿地恢复项目评估提升保护成效

遥感技术在湿地恢复项目的评估中也展现了独特的优势。例如，在云南抚仙湖湿地恢复项目中，利用无人机搭载的激光雷达（LiDAR）传感器，生成了详细的地形和植被结构模型。通过对比恢复前后的情况，可以直观地展示植被覆盖率、土壤湿度等关键参数的变化。这种方法不仅提高了评估结果的可视化程度，还为后续调整优化恢复方案提供了科学依据。

遥感技术的应用范围非常广泛，它不仅可以用于当前的环境监测和评估，还可以扩展到预测未来的恢复效果。例如，在一次湿地恢复项目的规划阶段，充分利用了遥感技术，并依据历史数据和相关研究，训练了一个随机森林模型。这个模型被设计用来预测未来几年内湿地面积的变化情况，以及植被覆盖度的增减趋势。通过不断调整模型参数，优化算法，提高了预测的准确性，从而为制定科学合理的保护措施提供有力的依据。这种方法不仅提高了监测结果的可靠性，还为科学研究提供了丰富的信息支持，能够更深入地理解湿地生态系统的动态变化。总之，遥感技术为湿地恢复项目的评估注入了新的活力和技术支持，推动了湿地保护工作的深入开展，为生态平衡和生物多样性的保护贡献了重要力量。

二、遥感技术在湿地管理中的成效分析

（一）提升监测精度与效率，降低人力成本——云南抚仙湖案例分析

遥感技术的应用显著提升了湿地监测的精度与效率，同时大幅削减了人力成本。在云南抚仙湖湿地监测项目中，采用了先进的卷积神经网络（CNN）模型对高分辨率多光谱影像进行精细分类。该模型通过多层卷积和池化操作，有效提取影像中的纹理和颜色信息，实现了对湿地不同地物的精确识别。特别是在复杂地形和植被覆盖区域，CNN展现了其卓越的细节捕捉能力，提高了分类的精确度和鲁棒性。

在评估抚仙湖周边湿地恢复项目时，利用深度学习算法处理了大量遥感影像数据，准确识别了湿地植被恢复的关键区域，并量化了植被覆盖的变化。这种方法不仅减轻了实地调查的工作量，还提供了更为精确的数据支持。遥感技术的自

动化数据处理能力，大大缩短了监测周期，通过构建综合性监测平台，将CNN分类结果与其他遥感数据融合，为科学研究和管理决策提供了全面的信息支持。

（二）增强应急响应能力，降低灾害风险——江苏盐城滨海湿地案例分析

遥感技术在提升湿地管理应急响应能力方面发挥了关键作用。在江苏盐城滨海湿地保护项目中，地方政府开发了一套基于机器学习算法的智能预警系统。该系统利用无人机采集的实时影像数据，结合历史数据和气象预报，建立了湿地状况预测模型。一旦检测到潜在风险，如洪水或风暴潮，系统将自动发出警报，指导相关部门迅速采取应对措施。这种做法不仅提高了应急响应的速度和准确性，还减少了人力资源的投入，提升了工作效率。

例如，在2024年一次强台风来袭时，智能预警系统提前数小时发出预警，助力地方政府及时进行居民疏散和财产转移，最大限度减少了灾害损失。此外，遥感技术还促进了公众参与和社会监督。政府开发了一款手机应用，让市民能够实时查看湿地监测数据，了解保护工作进展，这种透明度的提升增强了公众对湿地保护的认识和支持，同时也帮助科研团队发现并优化监测盲点。

（三）支撑科学决策与规划，优化资源配置——福建闽江口湿地案例分析

遥感技术为湿地管理提供了有力的科学决策支持，实现了资源配置的优化。在福建闽江口湿地保护项目中，政府、科研机构与非政府组织携手建立了湿地保护联盟，定期举行会议，交流研究成果和技术进展。这种合作模式不仅引入了先进技术和理念，还促进了国内外湿地保护经验的交流，为湿地保护注入了新动力。

例如，在湿地恢复项目的规划中，利用机器学习算法模拟和预测湿地生态系统，提出了针对性的保护建议，如设立缓冲区和限制开发活动，有效缓解了生物多样性下降的压力。通过智能化管理系统的引入，资源得到了更好地整合，确保了湿地保护工作的顺利进行。精细化管理平台的应用，进一步优化了资源配置，提升了湿地保护工作的效率和成效。

综上所述，遥感技术为湿地保护提供了科学决策和规划优化的强大支持，有助于推动湿地生态系统的可持续发展。通过遥感技术与多源数据融合的应用，能够更全面地掌握湿地生态系统的特征，为制定合理的保护措施提供了科学依据。

同时，湿地生态修复效果评估体系的应用，也促进了科学研究与社会各界的合作，共同致力于湿地生态系统的健康和持续发展。

三、遥感技术在湿地保护法规中的前景展望

（一）技术创新：加速湿地保护监测体系的现代化进程

随着科技的飞速发展，遥感技术的创新应用正逐步推动湿地保护监测体系向现代化迈进。在京津冀协同发展计划中，一个基于云计算和深度学习算法的先进湿地监测平台应运而生。该平台能够高效、精准地处理卫星遥感数据，自动识别和分类湿地资源，即使在多云、多雨等复杂气象条件下，也能保持卓越的监测性能。这一创新不仅极大地提升了湿地监测的效率和精度，还为湿地保护法规的有效实施提供了强有力的技术支撑。

除了传统的卫星遥感技术外，遥感技术与环境DNA监测等生物技术的结合，也为湿地生物多样性的监测开辟了新的途径。在长江中下游湿地保护项目中，利用遥感影像指导环境DNA采样，通过科学的方法有效监测了珍稀水生生物的分布情况。这种创新方法不仅丰富了湿地监测的手段，还为制定更加精准、有效的保护措施提供了科学依据，进一步强化了湿地保护法规的实施效果。

（二）法律法规的完善：为遥感技术的广泛应用奠定坚实基础

为了使遥感技术在湿地保护法规中得到更广泛的应用，相关法律法规的完善显得尤为重要。例如，《湿地保护与恢复制度》的修订版中，明确提出了建立国家级湿地监测网络的要求，并详细规定了遥感监测数据的法律地位和应用规范。这一举措不仅保障了遥感监测数据的权威性和可靠性，还为遥感技术在湿地保护领域的广泛应用提供了明确的法律依据，有力推动了遥感技术在湿地保护中的实践应用。

法律法规的完善还进一步鼓励了遥感技术在湿地保护实践中的创新应用。例如，在海南东寨港红树林国家级自然保护区，管理部门通过法律授权，充分利用遥感技术对红树林的分布和健康状况进行了全面、细致的监测。一旦发现非法砍伐和开发活动，管理部门能够迅速响应，及时制止，有效保护了这片珍贵的湿地资源。这一实践不仅展示了遥感技术在湿地保护中的巨大潜力，也为其他地区的

湿地保护工作提供了有益借鉴。

(三) 国际合作：共同提升全球湿地保护水平

在全球化的背景下，湿地保护已成为国际社会共同关注的议题。加强国际合作，共享遥感数据和监测技术，对于提升全球湿地保护水平具有重要意义。例如，中国与美国合作开展的"中美湿地保护与恢复"项目，通过双方共同努力，不仅促进了遥感技术在湿地保护领域的技术交流，还提升了双方在湿地保护法规制定和执行方面的能力。这种跨国合作不仅有助于形成更加科学、合理的湿地保护策略，还为全球湿地保护事业注入了新的活力。

此外，中国还积极参与了"东亚-澳大利亚迁飞路线"湿地保护网络等国际合作项目。通过利用遥感技术监测跨国界湿地的状况，为保护候鸟栖息地提供了重要信息。这些国际合作项目不仅加强了各国在湿地保护领域的沟通与协作，还推动了国际湿地保护法规的制定和完善，为全球湿地保护事业的持续发展提供了有力保障。

总结而言，遥感技术在湿地保护法规实施中展现出了巨大的发展潜力。通过技术创新、法律法规的完善以及跨国合作等多方面的努力，遥感技术将在湿地保护工作中发挥越来越重要的作用。未来，随着技术的不断进步和应用的不断深化，遥感技术将为全球湿地保护事业的持续发展提供更强有力的技术支持和保障。

第三节　湿地遥感监测的政策建议

一、数据共享与开放政策的制定与实施

(一) 建立国家级湿地数据平台，促进跨部门协作

为了有效推进湿地遥感监测的数据共享与开放，中国可以建立一个国家级的湿地数据平台。例如，国家林业和草原局可以牵头设立"中国湿地数据共享中心"，该平台将整合来自不同部门和地区的湿地监测数据，包括卫星影像、无人机航拍、地面实测等多源数据。通过统一的数据格式和访问权限管理，确保各级政府、科研机构和社会公众能够便捷地获取所需信息。平台还可以提供在线数据

分析工具和服务，支持用户进行定制化的数据处理和可视化展示，从而提升数据利用效率。

在具体应用方面，这一平台已经在多个地区发挥了重要作用。例如，在一次跨国湿地监测项目中，研究人员通过平台快速获取了历史遥感数据，并结合最新实地调查结果进行了综合分析。这种方法不仅提高了研究工作的准确性和时效性，还促进了国际的合作交流。总之，国家级湿地数据平台为跨部门协作提供了坚实的基础设施，推动了湿地保护工作的高效开展。

（二）制定数据共享标准，保障数据质量和安全

为了保障数据的质量和安全，需要制定严格的数据共享标准。例如，《中华人民共和国湿地保护法》可以明确规定，所有参与湿地监测项目的单位和个人必须遵守统一的数据采集规范和技术要求。这包括使用标准化的传感器和测量设备，确保数据的一致性和可比性；同时，还要建立健全的数据审核机制，对上传至共享平台的数据进行严格审查，防止错误或不完整的信息影响决策判断。

数据安全也是不可忽视的重要环节。例如，在一次涉及敏感生态区域的监测活动中，相关部门采取了多重加密技术和严格的访问控制措施，确保只有授权人员才能查看特定数据。通过这种方式，不仅可以保护湿地资源免受非法开发活动的侵害，还能增强社会各界对数据共享的信任和支持。总之，制定科学合理且具有约束力的数据共享标准是实现高质量数据管理和广泛应用的基础。

（三）鼓励社会力量参与推动数据开放创新

为了进一步推动数据开放和创新应用，政策应鼓励更多社会力量参与到湿地遥感监测工作中来。例如，地方政府可以通过设立专项资金或举办竞赛活动，吸引高校、企业以及非营利组织共同参与湿地保护项目。这些外部力量不仅可以带来新的技术手段和创意方案，还能扩大公众对湿地保护的关注度和参与度。

例如，在浙江千岛湖湿地保护行动中，当地政府与一家科技公司合作开发了一款基于移动互联网的应用程序，市民可以通过应用查看最新的湿地监测数据了解湿地保护工作的进展。该应用程序还设置了互动模块，允许用户上传自己的观察记录和建议，形成良好的生态保护氛围。总之，鼓励社会力量参与不仅能丰富数据来源，还能激发更多创新思维，为湿地保护工作注入新的活力。

二、技术标准化与规范化的推进与落实

(一) 统一遥感数据处理流程，提高监测一致性

为了提高湿地遥感监测的一致性和准确性，必须统一遥感数据处理流程。例如，自然资源部可以发布《湿地遥感数据处理指南》，详细规定从原始数据获取到最终成果输出的每一个步骤。这包括选择合适的卫星影像源、确定预处理方法（如辐射校正、几何校正）、选择分类算法及参数设置等。通过标准化的操作流程，可以减少人为因素带来的误差，确保不同地区和时间点的监测结果具有可比性。

统一的数据处理流程还有助于提升监测效率。例如，在一次大规模湿地资源普查中，利用统一的处理软件对全国范围内的遥感影像进行了批量处理。这种方法不仅节省了大量的时间和人力成本，还保证了数据处理质量的一致性。总之，统一遥感数据处理流程为湿地遥感监测提供了强有力的技术支撑，推动了监测工作的规范化和高效化发展。

(二) 推广成熟技术应用，加快标准化进程

为了促进湿地遥感监测技术的标准化，应当大力推广那些已经发展成熟的先进技术。例如，卷积神经网络（CNN），作为一种深度学习模型，在湿地分类方面表现出了非凡的能力。以江苏盐城滨海湿地监测项目为例，应用CNN模型对多光谱影像进行了分类处理。CNN通过其多层的卷积层和池化层，能够从影像中提取出丰富的纹理和色彩信息，从而实现对湿地中不同种类地物的精确分类。尤其在复杂地形和植被覆盖的湿地中，CNN能有效识别细微的变化，这显著提升了分类的精确度和稳定性。

推广成熟技术亦涵盖强化新技术应用培训与技术转移。例如，在某次国际湿地保护研讨会上，发达国家向发展中国家展示了最新的遥感技术及其应用成果，助力后者监测能力的提升。此途径不仅引入了先进的技术与理念，还促进了国际湿地保护经验的交流与共享，为湿地保护事业注入了新的活力。综上所述，成熟技术的推广为湿地遥感监测提供了坚实的技术支撑，有助于推动标准化进程，提升整体技术水准。

(三) 建立认证体系，确保技术应用合规性

为了确保湿地遥感监测技术应用的合规性和可靠性，需要建立一套完整的认证体系。例如，国家认证认可监督管理委员会可以设立专门的"湿地遥感监测技术认证办公室"，负责对各类监测技术和产品的认证工作。认证内容涵盖技术原理、操作规程、数据处理方法等多个方面，只有通过严格评审并获得认证的产品和服务才能应用于实际监测项目中。

认证体系还可以促进技术创新和市场竞争。例如，在一次湿地恢复项目的评估中，多家监测服务提供商参加了认证评审，最终选择了最符合项目需求的技术方案。这种方法不仅提高了监测结果的可靠性和权威性，还促使各家公司不断提升自身技术水平和服务质量。总之，建立认证体系为湿地遥感监测提供了强有力的制度保障，推动了技术应用的规范化和专业化发展。

三、湿地遥感监测技术创新政策的制定

(一) 设立专项基金，激励技术创新

为了激励湿地遥感监测领域的技术创新，政府可以设立专项基金。例如，国家自然科学基金委可以推出"湿地遥感技术创新专项"，每年投入一定资金用于支持相关科研项目和技术研发。这些项目可以聚焦于解决当前监测中的难点问题，如高精度分类算法、长时间序列变化检测、多源数据融合等。通过这种形式的资金支持，可以吸引更多科学家和工程师投身于湿地保护研究，形成一批高水平的研究成果和技术专利。

专项基金还可以鼓励产学研合作。例如，在一次湿地恢复项目的规划阶段，某高校与地方企业联合申请了专项基金支持，共同开展了关于无人机搭载激光雷达（LiDAR）传感器进行湿地三维建模的研究。通过双方的合作，不仅解决了技术难题，还实现了研究成果的快速转化和应用。总之，设立专项基金为湿地遥感监测技术创新提供了稳定的资金保障，促进了科学研究和技术进步。

(二) 加强国际合作，引进先进技术

为积极引进和吸收国际上的先进技术和经验，我国必须进一步加强与世界各

国的国际合作。以"一带一路"倡议为重要平台，我国与沿线国家携手共进，共同研发出一套融合人工智能（AI）与机器学习（ML）技术的湿地分类系统。该系统运用深度学习算法，能从多源遥感数据中自动提取关键特征，实现对各类湿地地物的精确分类。特别是在复杂地形及植被覆盖区域，AI 与 ML 技术展现出了卓越的能力，能够捕捉细微的变化，显著提升了分类的精确度与稳定性。此类合作不仅推动了技术的交流与共享，更为相关领域的科研工作者提供了难得的实践机遇，使他们得以直接参与国际尖端技术的研究与应用。

此外，国际合作亦涵盖技术交流与人才培养。以某次国际湿地保护研讨会为例，我国专家通过视频会议向全球同仁展示了我国最新的遥感技术及其应用实例，助力其他国家掌握并应用这些先进技术。此类方式不仅降低了面对面交流的成本，还拓宽了知识传播的边界，提升了全球湿地保护的整体水平。同时，此类交流增进了不同国家和地区间的相互理解与合作，为解决全球性环境问题开辟了新的思路与途径。综上所述，加强国际合作为湿地遥感监测技术的创新与发展提供了宽广的舞台和宝贵机遇，推动了技术的国际化与现代化进程，为全球生态环境的保护与可持续发展贡献了中国智慧和中国力量。

（三）推动技术成果转化，实现产业化应用

为了推动湿地遥感监测技术的成果转化和产业化应用，政策应支持建立一系列孵化基地和技术交易平台。例如，地方政府可以设立"湿地遥感技术创新孵化器"，为初创企业和科研团队提供办公场地、实验设备和技术咨询服务。通过这样的平台，可以帮助更多的创新项目从实验室走向市场，形成具有竞争力的产品和服务。技术交易平台还可以促进供需双方的有效对接，加速技术成果的转让和应用。

例如，在湿地监测项目中，某科技公司成功将自主研发的无人机载高光谱成像仪推向市场，并与多个地方政府签订了合作协议。通过这种方式，不仅实现了企业的快速发展，也为湿地保护工作提供了强有力的技术支持。总之，推动技术成果转化和产业化应用为湿地遥感监测技术创新提供了现实路径和发展空间，有助于形成良性循环，推动整个行业的持续健康发展。

四、人才培养与队伍建设的策略与建议

（一）构建多层次教育培训体系，提升专业素质

为了提升湿地遥感监测领域的人才素质，需要构建多层次的教育培训体系。例如，高等教育机构可以在环境科学、地理信息系统（GIS）、遥感技术等相关专业中增设湿地保护课程，培养学生的专业知识和技能。职业院校和培训机构也可以开设短期培训班，针对在职人员进行技能培训，帮助他们掌握最新的遥感技术和应用方法。可以为行业输送大量高素质的专业人才，满足不断增长的需求。

教育培训体系还应注重实践能力的培养。例如，在一次湿地监测实习项目中，学生被安排到实地参与数据采集和处理工作，亲身体验遥感技术的实际应用过程。不仅可以加深学生对理论知识的理解，还能提高他们的动手能力和解决问题的能力。总之，构建多层次的教育培训体系为湿地遥感监测人才培养提供了全面的支持，有助于提升从业人员的专业素质和综合能力。

（二）搭建交流合作平台，促进学术与实务互动

为了促进学术界与实务界的交流互动，可以搭建一系列交流合作平台。例如，国家湿地保护联盟可以定期举办"湿地遥感监测论坛"，邀请专家学者、政府部门官员和一线工作人员共同探讨最新的研究成果和技术进展。通过这种方式，不仅可以引进先进的技术、理念，还能促进国内外湿地保护经验的共享，为湿地保护工作注入新的活力。

合作交流平台亦可涵盖网络社区与专业网站等模式。举个例子，在一次全球湿地保护的研讨活动中，与会者利用网络平台交流了他们的研究成果与技术应用实例，这引起了众多专业人士的兴趣和热议。此类方法不仅降低了面对面交流的费用，而且扩展了知识传播的界限，提高了全球范围内湿地保护的综合水准。综上所述，构建合作交流平台为湿地遥感监测人才的培养开辟了宽广的交流领域和发展机会，有助于营造积极的学术环境和合作体系。

（三）设立人才奖励机制，激励优秀人才成长

为了激励优秀人才的成长和发展，可以设立专门的人才奖励机制。例如，国

家科学技术奖励委员会可以设立"湿地遥感监测杰出贡献奖",每年评选出在该领域取得突出成就的个人或团队,并给予物质奖励和荣誉称号。通过这种方式,不仅可以表彰他们的贡献,还能激发更多人的积极性和创造力,形成良好的竞争氛围。

人才奖励机制还可以包括青年科学家资助计划和创新项目扶持基金等形式。例如,在一次湿地恢复项目的评估中,某年轻科学家获得了专项资金支持,成功开发了一种新型湿地监测算法。通过这种方式,不仅提升了个人的职业发展空间,也为行业发展带来了新的突破。总之,设立人才奖励机制为湿地遥感监测人才培养提供了有效的激励措施,有助于吸引和留住更多优秀人才,推动行业的持续健康发展。

综上所述,湿地遥感监测的政策建议涵盖了数据共享与开放政策的制定和实施、技术标准化与规范化的推进和落实、技术创新政策的制定以及人才培养与队伍建设的策略和建议。建立国家级湿地数据平台、统一处理遥感数据流程、设立专门基金、构建多级教育培训体系等措施,这些策略不仅增强了湿地监测的效率与精确度,还为湿地保护注入了新的活力和技术援助。展望未来,随着策略的持续完善和技术的进步,湿地遥感监测将在全球发挥更显著的作用,促进湿地生态系统的持续发展。

参考文献

白穆，王馨爽，孟小亮，等，2023. 陕西黄河湿地省级自然保护区保护成效遥感监测与分析［J/OL］. 测绘地理信息（5）：85-91［2025-01-08］. https：//doi.org/10.14188/j.2095-6045.2021449.

白穆，王馨爽，孟小亮，等，2023. 陕西黄河湿地省级自然保护区保护成效遥感监测与分析［J］. 测绘地理信息，48（5）：85-91.

陈晨，2023. 快速城市化背景下盐城滨海地区湿地遥感监测研究［D］. 南京：南京信息工程大学.

崔依凡，万鲁河，2021. 湿地景观动态的遥感监测［J］. 哈尔滨师范大学自然科学学报，37（6）：89-94.

杜文，国斯思，刘津如，等，2022. 基于 Landsat8 OLI 遥感数据的辽河口湿地分类与动态监测研究［J］. 沈阳农业大学学报，53（4）：432-443.

端木雪妍，拾兵，2025. 黄河三角洲典型湿地植被的遥感监测［J/OL］. 水利水运工程学报，1-20［2025-01-08］. http：//kns.cnki.net/kcms/detail/32.1613.tv.20241125.1414.006.html.

樊彦国，王杰，樊博文，等，2023. 基于多源遥感的黄河三角洲湿地动态监测［J］. 测绘通报（6）：27-35.

高瑞，王志勇，周晓东，等，2021. 利用多时相遥感监测与分析黄河三角洲湿地变化动态［J］. 测绘通报（4）：22-27.

华康，肖晗，于之锋，等，2023. 基于 World View-2 影像的西溪湿地悬浮泥沙遥感监测［J］. 杭州师范大学学报（自然科学版），22（1）：28-35.

黄玉芳，娄广艳，葛雷，等，2021. 基于时间序列遥感的 2020 年黄河三角洲湿地补水效果监测［J］. 人民黄河，43（7）：89-93.

蒋明明，2022. 基于遥感光谱信息的湿地植被分类和监测方法研究［D］. 兰州：兰州交通大学.

蒋明明，刘佳，侯伟，等，2022. 一种改进的遥感生态指数构建及湿地监测应用［J］．测绘科学，47（7）：85-92．

焦瑞峰，葛雷，黄翀，2022．基于遥感监测的黄河三角洲湿地演变分析研究［J］．水利信息化（4）：24-27，34．

揭文辉，张策，汪冰，等，2020．2000—2018年坝上高原湿地遥感动态监测与生态环境变迁［J］．矿产勘查，11（12）：2720-2728．

瞿孟，代光辉，马泽忠，等，2024-11-08．一种基于卫星遥感影像的湿地植被退化监测方法和装置［P］．CN202410951771.2．

孔梅，曹惠明，高兴国，等，2021．黄河三角洲自然保护区国土空间变化遥感监测与评价［J］．海洋环境科学，40（2）：272-276．

李慧璇，宋善海，黄林峰，等，2021．鱼梁河湿地公园土地利用和生境质量遥感监测分析［J］．中低纬山地气象，45（1）：17-22．

李建波，2021．基于遥感监测的玉龙湿地资源调查与保护研究［J］．绿色科技，23（10）：49-50，53．

李婷，唐少霞，王平，2023．基于NDVI时间序列数据的湿地演变RSM［J］．计算机仿真，40（2）：240-243，254．

李晓东，闫守刚，宋开山，2021．遥感监测东北地区典型湖泊湿地变化的方法研究［J］．遥感技术与应用，36（4）：728-741．

李幸丽，姚宝志，满卫东，等，2021．采煤沉陷湿地高分辨率遥感精准监测方法与应用［J］．矿山测量，49（6）：65-71．

李禹凝，杨曼，何云杰，等，2021．基于多时相遥感影像采煤塌陷湿地扰动识别与格局分析：以江苏省徐州市潘安湖湿地为例［J］．国土与自然资源研究（1）：79-84．

李忠伟，郭防铭，任广波，等，2023．黄河三角洲湿地高光谱遥感研究进展［J］．海洋科学，47（5）：161-175．

刘喜荣，董震，李法玉，等，2023．基于高分辨率遥感数据的黄河三角洲生态监测与评价［J］．环境工程，41（6）．

刘永超，李加林，王新新，等，2022．浙江三门湾湿地遥感时间序列演变分析［J］．自然资源学报，37（4）：1036-1048．

吕华权，郭小玉，欧阳艳梅，等，2023．广西国家级自然保护地人类活动遥感监测及应用［J］．测绘与空间地理信息，46（8）：120-121，126．

明義森，刘启航，柏荷，等，2023. 利用光学和 SAR 遥感数据的若尔盖湿地植被分类与变化监测 [J]. 遥感学报，27（6）：1414-1425.

申键，简焯锴，欧阳雪敏，等，2024. 结合潮位校正的雷州半岛红树林湿地动态变迁遥感监测 [J]. 热带海洋学报，43（1）：137-153.

王籹籹，谢华春，金灵忠，2024-11-15. 一种滨海湿地遥感误差检测方法及系统 [P]. CN202411170566.9.

王哲，袁占良，王超，2023. 湿地生态系统质量遥感监测研究进展 [J]. 河南科技，42（21）：13-17.

韦怡，2023. 基于 Sentinel-2 多光谱遥感影像的森林沼泽信息提取及精度评价 [J]. 山东农业大学学报（自然科学版），54（4）：490-494.

谢晓宁，王崇倡，王锋，2022. 盘锦市湿地动态变化监测分析 [J]. 地理空间信息，20（7）：52-56.

杨朝辉，白俊武，畅里鑫，2023. 苏州重要湿地资源遥感动态监测管理与应用 [J]. 湿地科学与管理，19（5）：27-33.

姚杰鹏，杨磊库，陈探，等，2021. 基于 Sentinel-1，2 和 Landsat 8 时序影像的鄱阳湖湿地连续变化监测研究 [J]. 遥感技术与应用，36（4）：760-776.

尤慧，邓艳君，高华东，等，2021. 洪湖湿地土地利用/土地覆盖变化遥感监测 [J]. 江苏农业科学，49（2）：162-166.

张晨宇，陈沈良，李鹏，等，2022. 现行黄河口保护区典型湿地植被时空动态遥感监测 [J]. 海洋学报，44（1）：125-136.

张磊，刘倩雯，刘彦涛，等，2021. 基于遥感影像监测土默特左旗湿地动态变化 [J]. 内蒙古科技与经济（11）：62-63，65.

张晓斌，石佳，欧明武，等，2021. 基于 Landsat 8 遥感数据的东洞庭湖湿地变化监测与分析 [J]. 上海国土资源，42（1）：24-28.

张永红，李诺，2023. 水体温度无人机热红外遥感监测研究：以辽河七星湿地为例 [J]. 环境保护与循环经济，43（8）：67-70.

赵春雷，常宇飞，孟成真，2021. 卫星遥感在河北省生态环境监测中的应用 [J]. 卫星应用（10）：17-21.

郑慧钦，2023. 基于遥感影像的湿地资源的变化监测与结果分析：以罗源湾为例[J]. 地矿测绘, 39（4）：1-7.

钟燕飞, 吴浩, 刘寅贺, 2022. 湿地遥感制图研究现状与展望[J]. 中国科学基金, 36（3）：420-431.

祝惠琼, 彭可成, 吴金蓉, 等, 2024. 杭州城西科创大走廊湿地湖链景观水质信息多源遥感监测方法研究[J]. 杭州师范大学学报（自然科学版）, 23（4）：341-350.